U0948751

塞罕坝
云杉人工林及其经营

张建华　许中旗　程　顺　付立华 ▣ 主编

中国林业出版社
China Forestry Publishing House

图书在版编目(CIP)数据

塞罕坝云杉人工林及其经营 / 张建华等主编. —北京 :
中国林业出版社, 2024. 5
ISBN 978-7-5219-2650-7

Ⅰ. ①塞…　Ⅱ. ①张…　Ⅲ. ①云杉-人工林-森林经
营-围场满族蒙古族自治县　Ⅳ. ①S791. 180. 6

中国国家版本馆 CIP 数据核字(2024)第 060853 号

责任编辑: 王　越

出版发行　中国林业出版社
(100009, 北京市西城区刘海胡同 7 号, 电话 010-83143628)
电子邮箱　cfphzbs@163. com
网　　址　https://www. cfph. net
印　　刷　河北京平诚乾印刷有限公司
版　　次　2024 年 5 月第 1 版
印　　次　2024 年 5 月第 1 次印刷
开　　本　710mm×1000mm　1/16
印　　张　7. 75
字　　数　119 千字
定　　价　60. 00 元

《塞罕坝云杉人工林及其经营》

编辑委员会

前　言

云杉为松科云杉属常绿乔木，广泛分布于北半球的温带、寒带地区，在中国主要分布于东北、华北、西北等地山区，海拔为1000~3000m。云杉适应性强，耐阴，喜温凉湿润气候，在深厚肥沃、排水良好的微酸性土壤中生长最佳。

云杉是一种重要的造林绿化、园林景观和工业用材树种，经济、生态和社会价值较高。其树形优美，在行道绿化、园林景观中多有栽培，在西方节日中被用作圣诞树而广泛种植；木材材质坚韧，较轻软，结构细，纹理直，有弹性，易加工，树干可提取树脂，树叶可提取芳香油，树皮可提取单宁，被广泛用于建筑、家具、乐器、纸浆和造纸等工业。

塞罕坝机械林场介于内蒙古熔岩高原和冀北山地之间，温度低，无霜期短，积雪期长，云杉是适应这里半干旱半湿润寒温性大陆季风气候的典型原生树种，普遍分布于林区的阴坡天然次生林或沟谷、平川，多呈单木散生、多木集群、小面积片状等自然繁育状态，是当地的主要顶极群落树种。

建场以来，塞罕坝务林人坚持适地适树、系统经营，培育了大量云杉人工林，部分林分已进入中龄林和近熟林阶段，为科学经营的关键时期。当前，塞罕坝正在开启“二次创业”新征程，全面实现森林提质培优是主要任务之一。为此，在承德国家可持续发展议程创新示范区建设科技专项项目“冀北地区云杉林高效经营技术研究与示范”（项目编号：202008F025）的支持下，对塞罕坝地区云杉人工林的立地条件、生长规律、碳汇作用及培育技术进行了深入研究，取得了系列研究成果。基于以上研究成果，编写本书，以期为提高塞罕坝及周边地区云杉人工林的经营水平和资源质量提供理论和技术支撑。

本书可供森林培育、森林经营和森林生态等相关领域的管理和技术人员参考使用。由于编者水平有限，在编写过程中难免有疏漏之处，敬请各位专家和读者批评指正！

编 者

2024 年 3 月

目　　录

第1章　塞罕坝地区自然概况

塞罕坝处于内蒙古高原东部中温带半干旱区、内蒙古东部草原自然生态区，中国北方400mm等降水量线分布带穿越其中，自然生态环境极其脆弱敏感。其气候由温带大陆性气候向温带季风气候变化，呈现温度低、生长期短、降水量少、蒸发量大的半干旱特征；地形由内蒙古高原向华北平原过渡，呈现出北高南低、东高西低，北部高原集中、南部山地夹杂的高原、山地变化特征；河流水文由内流区向外流区转变，高原低地小湖泊、山间低湿沼泽地、山间河流等规律性分布林区；自然植被由温带草原向温带针阔混交林发展，坝上高原天然林分布以小面积阴坡为主，大部分林地自然状态为温带草原，坝下天然林则多在立地条件较好的阴坡，且多大面积、集中连片；土壤由低质风沙土向棕壤、灰色森林土变动，坝上西部多为风沙土，东部多为灰色森林土，接坝山地多为山地棕壤。

1.1　地理位置

塞罕坝林场位于河北省最北部，河北、内蒙古交界地，属冀北山地与蒙古高原交汇区，是坝下、坝上过渡带和森林-草原、森林-沙漠交错带，地理坐标为东经116°51′~117°39′，北纬42°02′~42°36′。北部隔河与内蒙古自治区多伦县、克什克腾旗接壤，南部、东部分别与承德市御道口牧场管理区和围场县的五乡一镇相邻。全场南北长58.6km，东西宽65.6km，林场距承德市240km，距北京市460km。

1.2 地质地貌

塞罕坝机械林场地处内蒙古高原南缘，属阴山山脉与大兴安岭余脉的交界地带，地势北高南低，呈现由北向南倾斜之势。由坝缘山脉、高原丘陵和曼甸组成，东部北部多为曼甸，西部为波状起伏的半固定沙丘，地势平坦，南部为坝缘山地，山高坡陡。林场范围的海拔在 1010～1939.9m 之间。

1.3 气 候

林区属寒温性大陆季风气候。年平均气温−1.3℃，极端最高气温 33.4℃(2000 年)，极端最低气温−43.3℃(2010 年)。无霜期短，年平均 64d。年平均降水量 460mm，积雪长达 7 个月。年平均蒸发量 1339.2mm，年平均相对湿度为 68%。风多是本区气候的主要特点之一，年平均大风日数 53d，最多年份达 114d。

1.4 水 文

境内河流有吐里根河、撅尾巴河、羊肠河、阴河、伊逊河、白岔河、如意河等，是滦河与老哈河上游主要支流的重要发源地之一，分别属滦河水系与辽河水系。东、中部水源比较丰富，而西部多为半固定沙丘，水源比较缺乏，沙化严重，植被盖度偏小。

1.5 土 壤

土壤类型以灰色森林土和山地棕壤土为主。灰色森林土占 67.5%，分布在森林与草原的过渡地带，主要分布在坝上。山地棕壤土占 15.5%，主要分布在坝缘山地。沼泽土占 6.0%，主要分布在坝上低洼滞水处。风沙土占 4.2%，主要分布在三道河口一带。砾石土占 3.5%，主要分布在山地阳坡，土层薄，石砾含量多。草甸土占 3.3%，主要分布在山谷低洼处。

1.6 植　被

塞罕坝有森林、草原、湿地等多种生态系统，野生动植物资源丰富，是珍贵的动植物资源基因库。分布有河北省重点保护野生植物 22 种，隶属于 14 科 20 属；有陆生野生脊椎动物 261 种、鱼类 32 种、昆虫 660 种、大型真菌 179 种、植物 625 种。其中有国家重点保护动物 45 种、国家重点保护植物 5 种。在植物区系上，塞罕坝位于蒙古区系、东北区系和华北区系的交汇处，是河北省境内一个特殊的地理区域，该地区景观独特，高原山地兼备，森林草原并存，区域生态环境复杂多样，植物多样性丰富。被子植物占林场植物总种数的 83.36%，构成了林场植物区系的主体；木本植物以桦属、松属、落叶松属、云杉属、栎属、杨属、柳属为主，草本植物以菊科、蔷薇科、禾本科、豆科、毛茛科、唇形科、蓼科、百合科、十字花科、石竹科、玄参科、藜科、伞形科和莎草科植物种类最为丰富，它们构成林场森林植被的建群种或优势树种。

第 2 章　塞罕坝地区植被演替特征

植物群落演替是指在一定地段上，一种植物群落被另一种植物群落所取代的过程。了解一个地区的植物群落演替过程是进行森林科学经营的基础。自然界中除了保存完好的地带性植被之外，其他的群落类型或植被类型都是当地植物群落演替过程中的一个阶段。因此，针对一种森林类型的经营，首先要了解该类型处于演替的哪一个阶段，以及在不同的经营模式之下，该森林群落未来的发展方向是什么，或者采取什么样的经营措施，才能使森林向经营者期望的方向发展。各种森林经营活动都是对森林演替过程的一种干预和调控。比如，我国东北东部山地阔叶红松林区的“栽针保阔”经营模式，在保留阔叶树的情况下，在林下补植红松等针叶树，加速了落叶阔叶林向当地的地带性顶极群落演替的进程，实现了阔叶红松林的快速恢复。我国南方地区杉木速生丰产林的经营，对成熟后的林分进行皆伐，然后继续栽植杉木，本质上是通过人为干扰使林分长期停留在杉木林阶段，由此也带来了土壤地力衰退的问题。因此，对一地区的森林进行科学经营，首先要了解一个地区植物群落演替过程，然后采取科学的经营方式，合理调控森林植被的演替进程，在获得经济和生态效益的同时，保持森林生态系统的稳定。

塞罕坝地区植被类型多种多样，主要为落叶针叶林、常绿针叶林、针阔混交林、阔叶林、灌丛、草原与草甸和沼泽及水生群落。塞罕坝地处几个重要生态因子梯度变化的交错地带，是坝上高原与燕山山地交汇处，森林-草原的过渡区。因此，本章主要在现有森林资源的基础上，研究塞罕坝不同地形的演替系列，确定该地区的潜在植被，以便为今后塞罕坝的森林经营研究奠定生态学基础。

2.1　漫甸群落演替系列

漫甸区的顶极群落为稀树草原植被，主要层片为草原，有稀疏的乔木分布。主要物种为扁穗冰草、短穗看麦娘、拂子茅、斜茅、直立黄芪、花葱等，乔木主要为榆、白桦、华北落叶松等。当前，主要分布为华北落叶松、樟子松或云杉人工林，这些人工林是人工维持的一种顶极群落，可认为是一种人工干扰顶级。同时，该地区的稀疏草原群落在过度放牧等严重的人为干扰条件下或气候干旱的情况下，会发生逆行演替，退化成沙地。但当气候向湿润化方向演替时，乔木层片的优势会增加，从而向森林方向演替。因此，该地区植被具有高度的脆弱性，其演替过程如图 2-1 所示。

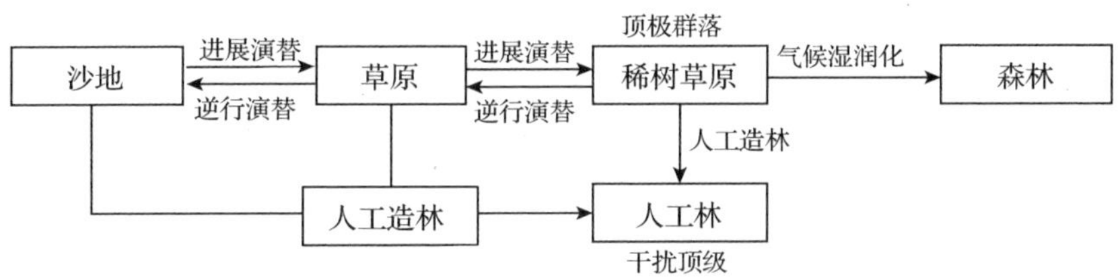

图 2-1　漫甸地区的演替过程

2.2　丘陵山地阴坡群落演替系列

在起伏的沙丘或山地的阴坡，因其蒸发量低，水分条件好，顶极群落为以云杉或华北落叶松为主的针叶林，属于寒温带针叶林类型。在原有的天然云杉林或华北落叶松林被采伐后，会退化为灌草群落，在没有外来干扰的情况下，会开始一个进展演替过程，出现先锋群落白桦林，然后云杉会入侵在白桦林下更新定居，形成白桦云杉混交林，随着白桦的逐渐退却，最终演替为云杉林。同时，当白桦林中有较大的林间空地，光照条件较好时，会有华北落叶松的入侵和定居，在这种情况下，会演替为华北落叶松林(图 2-2)。目前在塞罕坝机械林场的头道沟、二道沟，仍有零星分布的云杉天然林，是原有云杉天然林的残留。

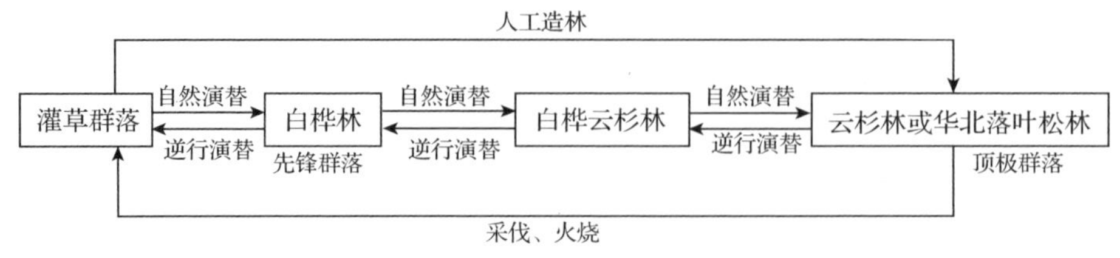

图 2-2　山地阴坡演替过程

2.3　丘陵山地阳坡群落演替系列

阳坡由于干旱、瘠薄的立地条件，在相当长的时间内，将以灌草植被为主。如果放牧等外来干扰不断加重，会导致植被及立地条件的退化，灌木逐渐减少，退化为草地，甚至进一步退化到沙漠化或石漠化阶段(图 2-3)。如果通过人工整地，改善局部的土壤条件，进行人工造林，可促进目前的灌草群落向森林进行演替，但是需要较大的人为投入。同时，在造林过程中，需采取合理措施，防止因为整地等人为干扰导致立地条件的进一步退化。

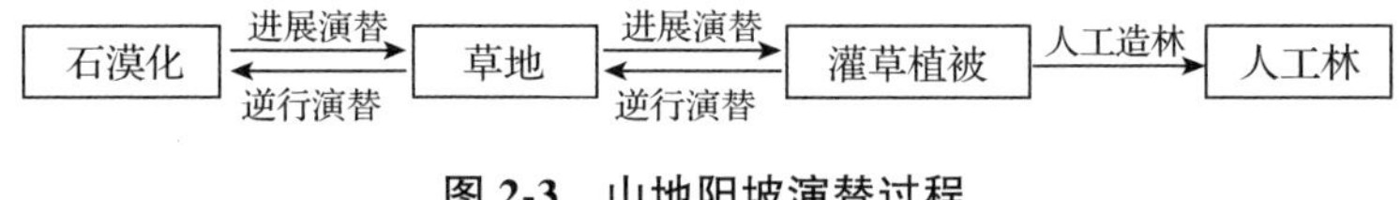

图 2-3　山地阳坡演替过程

2.4　塞罕坝地区当前主要群落类型的物种组成

植被总是处于发展变化之中，任何时候观察到的植被类型都是其演替过程中的特定阶段。当前塞罕坝地区主要的植被类型有灌草群落、稀树草原、白桦林、白桦云杉林、天然云杉林和华北落叶松人工林、樟子松人工林等。各群落的主要物种组成如表 2-1 所示。

表 2-1 主要演替阶段的群落特征

演替阶段	乔木层主要物种	灌木层	草本层
灌草群落	—	土庄绣线菊(*Spiraea pubescens*)、山杏(*Armeniaca sibirica*)、山刺玫(*Rosa davurica*)、山丁子(*Malus baccata*)	委陵菜(*Potentilla chinensis*)、唐松草(*Thalictrum aquilegifolium*)、河北大黄(*Rheum franzenbachii*)、老鹳草(*Geranium wilfordii*)、香薷(*Elsholtzia ciliata*)、白头翁(*Pulsatilla chinensis*)、野罂粟(*Papaver nudicaule*)、藜芦(*Veratrum nigrum*)、翠雀(*Delphinium grandiflorum*)、小酸模(*Rumex acetosella*)、龙牙草(*Agrimonia pilosa*)、麻花头(*Serratula chinensis*)、蓬子菜(*Galium verum*)、蓝刺头(*Echinops sphaerocephalus*)、牛扁(*Aconitum barbatum* var. *puberulum*)、玉竹(*Polygonatum odoratum*)、龙须菜(*Asparagus schoberioides*)、牻牛儿苗(*Erodium stephanianum*)、地构叶(*Speranskia tuberculata*)、山遏蓝菜(*Thlaspi eochleariforme*)、大籽蒿(*Artemisia sieversiana*)、独活(*Heracleum hemsleyanum*)、艾蒿(*Artemisia argyi*)、扁穗雀麦(*Artemisia argyi*)等
稀树草原	榆(*Ulmus pumila*)、华北落叶松(*Larix principis - rupprechtii*)、白桦(*Betula platyphylla*)等	山丁子、山刺玫、旱柳(*Salix matsudana*)等	金莲花(*Trollius chinensis*)、地榆(*Sanguisorba officinalis*)、蒲公英(*Taraxacum mongolicum*)、山岩黄蓍(*Hedysarum alpinum*)、百里香(*Thymus mongolicus*)、瑞香狼毒(*Stellera chamaejasme*)、毛萼麦瓶草(*Silene repens*)、山莴苣(*Lagedium sibiricum*)、蓬子菜、唐松草、湿地勿忘草(*Myosotis caespitosa*)、毛茛(*Ranunculus japonicus*)、华北蓝盆花(*Scabiosa tschiliensis*)、山韭(*Allium senescens*)、乌头(*Aconitum carmichaeli*)、风毛菊(*Saussurea japonica*)、石竹(*Dianthus chinensis*)、拳参(*Polygonum bistorta*)等
白桦林	白桦(*Betula platyphylla*)	覆盆子(*Rubus idaeus*)、大叶小檗(*Berberis ferdinandi - coburgii*)、蓝靛果忍冬(*Lonicera caerulea* var. *edulis*)、毛榛(*Corylus mandshurica*)、锦带(*Weigela florida*)、稠李(*Padus racemosa*)、山刺玫等	舞鹤草(*Maianthemum bifolium*)、乌头、老鹳草、花荵(*Polemonium coeruleum*)、苔草(*Carex* spp.)、草莓(*Fragaria orientalis*)、唐松草、风毛菊、华北耧斗菜(*Aquilegia yabeana*)、北重楼(*Paris verticillata*)、蚊子草(*Filipendula Palmata*)、野豌豆(*Vicia sepium*)、铃兰(*Convallaria majalis*)、鹿蹄草(*Pyrola calliantha*)、拳参、大叶糙苏(*Phlomis maximowiczii*)、砧草(*Galium boreale* var. *boreale*)、紫花地丁(*Viola phillipina*)、蕨(*Pteridium aquilinum* var. *latiusculum*)

（续）

演替阶段	乔木层主要物种	灌木层	草本层
白桦云杉林	白桦、云杉（*Picea asperata*）	毛榛、山刺玫、锦带、大叶小檗、溲疏（*Deutzia scabra Thunb*）、五角枫（*Acer pictum*）、蓝靛果忍冬、覆盆子、接骨木（*Sambucus williamsii*）等	铃兰、唐松草、野豌豆、北重楼、草莓、风毛菊、小红菊（*Dendranthema chanetii*）、蚊子草、砧草、鹿蹄草、铁线莲（*Clematis florida*）、老鹳草、乌头、苔草、舞鹤草、银莲花（*Anemone cathayensis*）等
天然云杉林	云杉、白桦	稠李、山丁子等	苔草 、黄芩（*Scutellaria baicalensis* Georgi）、堇菜（*Viola verecunda*）、珠牙蓼（*Polygonum viviparum*）、委陵菜、唐松草、鸢尾（*Iris tectorum*）、沙参（*Adenophora stricta*）、蕨等
华北落叶松人工林	华北落叶松（*Larix principis-rupprechtii*）	山丁子、稠李、锦带、忍冬（*Lonicera aponica*）、花楸（*Sorbus pohuashanensis*）、覆盆子、山刺玫、接骨木等	蒲公英、老鹳草、堇菜、沙参、垂果南芥（*Arabis pendula*）、花锚（*Halenia corniculata*）、猫眼（Euphorbia lunulata）、唐松草、地榆、毛莲菜（*Picris hieracioides*）、苔草、黄芩、歪头菜（*Vicia unijuga*）、蓬子菜、紫斑风铃草（*Campanula punctata*）、龙牙草、鹅观草（*Roegneria kamoji*）、小红菊、砧草等
樟子松人工林	樟子松（*Pinus sylvestris* var. *mongolica*）	山丁子、山刺玫	苔草、蓬子菜、唐松草、野豌豆、黄芩、山韭、鹅观草

2.5 小　结

塞罕坝地区因立地条件的差异，存在不同的演替系列。漫甸地区的顶极群落为稀树草原植被，在地势相对低洼，水分条件较好的地段，可以通过人工造林，营造云杉林和华北落叶松林。丘陵山地阴坡的顶极群落为云杉林或华北落叶松林，当前在阴坡大量存在的白桦林处于演替系列的早期阶段。丘陵山地阳坡目前以灌草植被为主，处于演替的早期阶段，一方面可以通过封育，减少放牧干扰，利用自然演替过程实现其向乔木林的演替，但因为土层较为瘠薄，水分条件较差，演替进程会比较缓慢；另一方面，可通过人为投入，如较为细致地整地，改变局部土壤条件，然后进行人工造林，营造乔木林。但是，这需要较大的人力和资金的投入。

第3章 塞罕坝机械林场云杉林资源状况

云杉(*Picea asperata*)，松科云杉属乔木，具有浅根性、生长缓慢、寿命长等特点，依靠种子繁殖，具有耐高寒、耐遮阴、耐水湿等特点，能够抵御特别寒冷的严酷环境，一般生长在海拔1200~3600m地带，是北半球中高纬度地区常见树种。云杉在中国东北、华北、西北地区广为分布，是寒温带针叶林的重要组成树种，在当地发挥着重要的木材生产、水源涵养及水土保持等生产与生态功能。云杉最高可达45m，胸径最宽可达1m，树皮灰褐色或褐灰色，开裂成不规则的鳞片或稍厚的片，树干高大且直，节少，木质略轻柔，纹理均匀，结构细致，容易加工，具有很好的共鸣性能。云杉木材应用广泛，可供建筑、乐器、电杆、造船及纤维工业等使用。

由于塞罕坝地区气候地理特征所限，适宜树种主要为高寒、高海拔、短生长期等种类。现实自然分布中，在冀北山地与内蒙古高原的接坝山地及坝上立地较好的阴坡，以白桦为主的天然次生林中，经常有小片状、单株或少量丛生的云杉分布其中，形成优良、稳定、高品质的针阔混交林，成为当地优质乔木林的重要组成部分。

塞罕坝机械林场处于北方中温带半干旱高海拔生态脆弱区，这里的天然云杉树种主要为白扦。从20世纪60年代开始，三代塞罕坝务林人持续60年不懈奋斗、科学建设，既保护、培育、提升了24万亩①天然次生林，还营建、培育、发展了以华北落叶松、樟子松、云杉为主的88万亩人工林，森林蓄积量也由建场初期的33万m^3发展到1036.8万m^3，总体形成了以人工针叶林为主、天然次生林为辅、集中连片分布、近成熟林占据优势、纯林为主体的百万亩优质林海，彻底改变了当地“飞鸟无栖树、黄沙

① 注：1亩≈0.067hm^2。

遮天日”的环境，发挥了巨大的生态、经济和社会效益。

在塞罕坝的森林资源组成中，云杉天然林分布较少，主体为人工林。当前，这些云杉林大部分处于中幼龄林阶段，生长稳定，生物多样性良好，生态功能日趋明显，并逐渐进入中龄林和近熟林阶段。

3.1 各类云杉林地面积及分布

全场云杉林土地面积 2722.87hm^2，全部为林业用地。其中，乔木林地面积 2233.77hm^2，占 82.04%；疏林地面积 10.88hm^2，占 0.40%；未成林造林地面积 478.22hm^2，占 17.56%。

从云杉在塞罕坝机械林场各个分场的分布来看，分布面积由高到低分别为千层板、北曼甸、大唤起、阴河、第三乡和三道河口分场，所占比例分别为 27.18%、21.98%、20.30%、15.76%、11.76%和 3.02%。森林蓄积量由高到低分别为北曼甸、千层板、大唤起、阴河、三道河口和第三乡分场，所占比例分别为 33.37%、30.49%、26.98%、4.66%、2.35%和 2.15%。

从云杉的林分年龄分布来看，塞罕坝地区云杉林以幼、中龄林为主，其面积分别为 2275.57hm^2 和 445.24hm^2，所占比例分别达到了 83.57%和 16.35%，近熟林 2.06hm^2，只占到了 0.08%。

3.2 全场云杉乔木林森林面积、蓄积量

全场云杉林活立木总蓄积量 135805.07m^3。其中，乔木林蓄积量 135691.44m^3，占总蓄积量的 99.92%；疏林蓄积量 113.63m^3，占总蓄积量的 0.08%；未成林没有蓄积量。乔木林平均单位蓄积量为 60.75m^3/hm^2（表 3-1）。

下属 6 个分场中，千层板分场云杉乔木林面积最大，为 607.02hm^2，占比为 27.17%；北曼甸分场蓄积量最大，为 45323.50m^3，占比为 33.40%；北曼甸分场的单位蓄积最大，为 87.50m^3/hm^2（表 3-1）。

表 3-1　云杉乔木林面积、蓄积量和单位蓄积量统计

分场	面积 (hm^2)	占比 (%)	蓄积量 (m^3)	占比 (%)	单位蓄积量 (m^3/hm^2)
全场	2233.77	100.00	135691.44	100.00	60.75
北曼甸分场	517.97	23.19	45323.50	33.40	87.50
大唤起分场	446.10	19.97	36642.51	27.00	82.14
第三乡分场	218.96	9.80	2915.23	2.15	13.31
千层板分场	607.02	27.17	41340.94	30.47	68.10
三道河口分场	48.93	2.19	3143.64	2.32	64.25
阴河分场	394.79	17.68	6325.62	4.66	16.02

3.2.1　云杉乔木林起源

全场云杉乔木林在面积和蓄积量上均以人工林占优。云杉人工林面积 2163.28hm^2，蓄积量 120870.39m^3，分别占 96.85%和 89.08%，单位蓄积量为 55.87m^3/hm^2；云杉天然林面积 70.49hm^2，蓄积量 14821.05m^3，分别占 3.15%和 10.92%，单位蓄积量为 210.26m^3/hm^2(表 3-2)。

千层板分场云杉人工林地面积最大，为 599.32hm^2，占云杉乔木林总面积的 26.84%；北曼甸分场云杉天然林面积最大，为 50.67hm^2，占乔木林总面积的 2.27%。千层板分场的云杉人工林蓄积量最高，为 40555.90m^3，占乔木林总蓄积量的 29.88%；北曼甸分场的云杉天然林蓄积量最高，为 12016.90m^3，占乔木林总蓄积量的 8.85%。大唤起分场的云杉人工林单位蓄积量最高，北曼甸分场的云杉天然林单位蓄积量最高，分别为 79.46m^3/hm^2、237.16m^3/hm^2。

表 3-2　不同起源乔木林面积、蓄积量和单位蓄积量统计

分场	起源	面积 (hm^2)	占比 (%)	蓄积量 (m^3)	占比 (%)	单位蓄积量 (m^3/hm^2)
全场	合计	2233.77	100.00	135691.44	100.00	60.75
	天然	70.49	3.15	14821.05	10.92	210.26
	人工	2163.28	96.85	120870.39	89.08	55.87
北曼甸分场	小计	517.97	23.19	45323.50	33.40	87.50
	天然	50.67	2.27	12016.90	8.85	237.16
	人工	467.30	20.92	33306.60	24.55	71.27

（续）

分场	起源	面积（hm^2）	占比（%）	蓄积量（m^3）	占比（%）	单位蓄积量（m^3/hm^2）
大唤起分场	小计	446.10	19.97	36642.51	27.00	82.14
	天然	10.36	0.46	2019.11	1.49	194.89
	人工	435.74	19.51	34623.40	25.52	79.46
第三乡分场	小计	218.96	9.80	2915.23	2.15	13.31
	天然					
	人工	218.96	9.80	2915.23	2.15	13.31
千层板分场	小计	607.02	27.17	41340.94	30.47	68.10
	天然	7.70	0.34	785.04	0.58	101.95
	人工	599.32	26.84	40555.90	29.88	67.67
三道河口分场	小计	48.93	2.19	3143.64	2.32	64.25
	天然					
	人工	48.93	2.19	3143.64	2.32	64.25
阴河分场	小计	394.79	17.67	6325.62	4.66	16.02
	天然	1.76	0.08			
	人工	393.03	17.59	6325.62	4.66	16.09

3.2.2 乔木林龄组结构

在面积上，幼龄林占比最高，达到了1786.47hm^2，占79.98%；中龄林次之，为19.93%；近熟林最低，仅为0.09%。在蓄积量上，中龄林占比最高，达到了82710.83m^3，占60.96%；幼龄林次之，为38.61%；近熟林蓄积量最低，仅占总蓄积量的0.43%（表3-3）。

表3-3　不同龄组乔木林面积、蓄积量和单位蓄积量统计

分场	龄组	面积（hm^2）	占比（%）	蓄积量（m^3）	占比（%）	单位蓄积量（m^3/hm^2）
全场	合计	2233.77	100.00	135691.44	100.00	60.75
	幼龄林	1786.47	79.98	52388.96	38.61	29.33
	中龄林	445.24	19.93	82710.83	60.96	185.77
	近熟林	2.06	0.09	591.65	0.43	287.21
北曼甸分场	合计	517.97	23.19	45323.50	33.40	87.50
	幼龄林	379.58	16.99	17637.11	12.99	46.46
	中龄林	137.08	6.14	27298.94	20.11	199.15
	近熟林	1.31	0.06	387.45	0.28	295.76

（续）

分场	龄组	面积（hm^2）	占比（%）	蓄积量（m^3）	占比（%）	单位蓄积量（m^3/hm^2）
大唤起分场	合计	446.10	19.97	36642.51	27.00	82.14
	幼龄林	319.87	14.32	10255.55	7.56	32.06
	中龄林	126.23	5.65	26386.96	19.45	209.04
第三乡分场	合计	218.96	9.80	2915.23	2.15	13.31
	幼龄林	211.67	9.48	1089.95	0.80	5.15
	中龄林	7.29	0.33	1825.28	1.35	250.38
千层板分场	合计	607.02	27.17	41340.94	30.47	68.10
	幼龄林	446.07	19.97	16442.78	12.12	36.86
	中龄林	160.20	7.17	24693.96	18.20	154.14
	近熟林	0.75	0.03	204.20	0.15	272.27
三道河口分场	合计	48.93	2.19	3143.64	2.32	64.25
	幼龄林	46.41	2.08	2843.60	2.10	61.27
	中龄林	2.52	0.11	300.04	0.22	119.06
阴河分场	合计	394.79	17.67	6325.62	4.66	16.02
	幼龄林	382.87	17.14	4119.97	3.04	10.76
	中龄林	11.92	0.53	2205.65	1.63	185.04

3.2.3 乔木林径级结构

全场云杉乔木林各胸径等级中，小径组面积最大，占比为66.54%，中径组蓄积量最高，占比为62.69%；特大径组单位蓄积量最大，为301.73m^3/hm^2（表3-4）。

表3-4　各径组面积、蓄积量和单位蓄积量统计

类别		面积（hm^2）	占比（%）	蓄积量（m^3）	占比（%）	单位蓄积量（m^3/hm^2）
合计		2233.77	100.00	135691.44	100.00	60.75
小径组	<6	1231.36	55.12	472.68	0.35	0.38
	6~11.9	254.99	11.42	10856.10	8.00	42.57
中径组	12~17.9	226.37	10.13	27622.10	20.36	122.02
	18~23.9	345.02	15.45	57437.15	42.33	166.47
大径组	24~29.9	130.81	5.86	25772.36	18.99	197.02
	30~35.9	41.14	1.84	12299.98	9.06	298.98

（续）

类别		面积（hm^2）	占比（%）	蓄积量（m^3）	占比（%）	单位蓄积量（m^3/hm^2）
特大径组	≥36	4.08	0.18	1231.07	0.91	301.73
北曼甸分场	小计	517.97	23.19	45323.50	33.40	87.50
	小径组	304.89	13.65	3511.72	2.59	11.52
	中径组	158.20	7.08	28127.68	20.73	177.80
	大径组	54.88	2.46	13684.10	10.08	249.35
大唤起分场	小计	446.10	19.97	36642.51	27.00	82.14
	小径组	270.74	12.12	1860.06	1.37	6.87
	中径组	106.72	4.78	18868.38	13.91	176.80
	大径组	68.64	3.07	15914.07	11.73	231.85
第三乡分场	小计	218.96	9.80	2915.23	2.15	13.31
	小径组	202.53	9.07	410.50	0.30	2.03
	中径组	13.10	0.59	1477.86	1.09	112.81
	特大径组	3.33	0.15	1026.87	0.76	308.37
千层板分场	小计	607.02	27.17	41340.94	30.47	68.10
	小径组	317.82	14.23	3476.95	2.56	10.94
	中径组	255.02	11.42	32387.38	23.87	127.00
	大径组	33.43	1.50	5272.41	3.89	157.71
	特大径组	0.75	0.03	204.20	0.15	272.27
三道河口分场	小计	48.93	2.19	3143.64	2.32	64.25
	小径组	22.97	1.03	438.72	0.32	19.10
	中径组	25.96	1.16	2704.92	1.99	104.20
阴河分场	小计	394.79	17.67	6325.62	4.66	16.02
	小径组	367.40	16.45	1630.83	1.20	4.44
	中径组	12.39	0.55	1493.03	1.10	120.50
	大径组	15.00	0.67	3201.76	2.36	213.45

3.2.4 密度结构

全场云杉乔木林面积、蓄积量中，按密度等级划分，面积占比前三位的依次是每公顷株数在750~1499株、>3000株和1500~2249株3个区间，所占比例分别为36.25%、35.05%和16.91%，3个区间面积占总面积的88.21%。而蓄积量占比前三位的则是每公顷株数在750~1499株、1500~2249株和450~749株3个区间，所占比例分别为67.21%、11.53%和

9.80%，3 个区间蓄积量占总蓄积量的 88.54%。

各密度等级中，单位蓄积量最大的是每公顷株数在 750～1499 株云杉乔木林，单位蓄积量为 112.61m^3/hm^2；其次是每公顷株数在 450～749 株云杉乔木林，单位蓄积量为 104.01m^3/hm^2；最小的是每公顷株数>3000 株的云杉乔木林，单位蓄积量为 7.69m^3/hm^2，其林龄主要处于幼龄林早期阶段(表 3-5)。

表 3-5　各密度等级面积、蓄积量和单位蓄积量统计

类别		面积(hm^2)	占比(%)	蓄积量(m^3)	占比(%)	单位蓄积量(m^3/hm^2)
合计		2233.77	100.00	135691.44	100.00	60.75
<450		45.92	2.06	1590.08	1.16	34.63
450～749		127.81	5.72	13292.91	9.80	104.01
750～1499		809.67	36.25	91177.28	67.21	112.61
1500～2249		377.70	16.91	15648.17	11.53	41.43
2250～2999		89.72	4.01	7960.62	5.86	88.73
>3000		782.95	35.05	6022.38	4.44	7.69
北曼甸分场	小计	517.97	23.19	45323.5	33.40	87.50
	450～749	26.19	1.17	2783.67	2.05	106.29
	750～1499	172.36	7.72	26791.54	19.75	155.44
	1500～2249	125.72	5.63	7118.5	5.25	56.62
	2250～2999	19.70	0.88	4021.53	2.96	204.14
	>3000	174.00	7.79	4608.26	3.40	26.48
大唤起分场	小计	446.10	19.97	36642.51	27.00	82.14
	<450	2.88	0.13	114.91	0.08	39.90
	450～749	29.71	1.33	4946.34	3.65	166.49
	750～1499	164.45	7.36	24530.39	18.08	149.17
	1500～2249	83.33	3.73	4221.21	3.11	50.66
	2250～2999	22.29	1.00	2094.48	1.54	93.97
	>3000	143.44	6.42	735.18	0.54	5.13
第三乡分场	小计	218.96	9.80	2915.23	2.15	13.31
	<450	1.49	0.07	59.13	0.04	39.68
	450～749	8.93	0.40	1325.89	0.98	148.48
	750～1499	16.63	0.74	970.59	0.72	58.36
	1500～2249	51.05	2.29	559.62	0.41	10.96
	2250～2999	8.78	0.39			
	>3000	132.08	5.91			

（续）

类别		面积（hm^2）	占比（%）	蓄积量（m^3）	占比（%）	单位蓄积量（m^3/hm^2）
千层板分场	小计	607.02	27.17	41340.94	30.47	68.10
	<450	34.72	1.55	967.02	0.71	27.85
	450~749	48.62	2.18	3099.88	2.28	63.76
	750~1499	296.14	13.26	32039.06	23.62	108.19
	1500~2249	77.59	3.47	3356.26	2.47	43.26
	2250~2999	37.41	1.67	1349.04	0.99	36.06
	>3000	112.54	5.04	529.68	0.39	4.71
三道河口分场	小计	48.93	2.19	3143.64	2.32	64.25
	450~749	9.84	0.44	505.13	0.37	51.33
	750~1499	27.71	1.24	2638.51	1.94	95.22
	1500~2249	11.38	0.51			
阴河分场	小计	394.79	17.67	6325.62	4.66	16.02
	<450	6.83	0.31	449.02	0.33	65.74
	450~749	4.52	0.20	632.00	0.47	139.82
	750~1499	132.38	5.93	4207.19	3.10	31.78
	1500~2249	28.63	1.28	392.58	0.29	13.71
	2250~2999	1.54	0.07	495.57	0.37	321.80
	>3000	220.89	9.89	149.26	0.11	0.68

3.3 云杉林质量分析及发展建议

3.3.1 质量分析

全场云杉林土地面积2722.87hm^2，小班平均面积4hm^2、平均林龄22年，以乔木林地为主，未成林造林地次之，疏林地最少。乔木林蓄积量占据总蓄积量的绝对主体，平均单位蓄积量为60.75m^3/hm^2，显著低于全场树种资源平均水平。全场云杉乔木林在面积和蓄积量上均以人工林占优，以纯林为主。在面积上，幼龄林>中龄林>近熟林；在蓄积量上，中龄林>幼龄林>近熟林；在单位蓄积量上，近熟林>中龄林>幼龄林，云杉天然林显著高于人工林，近熟林明显高于幼龄林、中龄林。各胸径等级林分中，小径组面积最大，中径组蓄积量最高。

塞罕坝的天然、人工云杉林均处于正常发育阶段，鲜有重大病虫危害，但小班破碎化明显，经营技术多参考落叶松树种，专题技术尚未集结形成技术体系，处于空白阶段。

3.3.2　发展建议

云杉是塞罕坝的原生、强耐阴、长寿命、适应性针叶树种，干形好，树形美观，可观景、用材，用途多，范围广，经常分布于各种较好立地森林中，发展前景良好。基于塞罕坝的森林资源特点及气候地理环境，发展建议如下。

云杉是塞罕坝气候地理环境中的顶级树种，在森林演替中具有不可替代性，在其适应的自然环境中，应增加面积，提高比例。云杉自然演替缓慢，需加强育苗、造林等树种建群技术，扩大苗木繁育，增强优质壮苗供给能力，满足云杉森林建群需要。塞罕坝既有云杉人工林大面积处于中幼林阶段，应随森林发育进程，逐渐加强森林抚育活动。对于尚未郁闭的幼林，应加强森林保护，注意森林整体郁闭，在保存率较低地段，人工补植补造；对于郁闭后的幼林，加强监测，至森林出现 2~3 轮枯死枝后，及早进行人工整枝；出现 3 轮以上枯死枝后，要全面进行定株，随后渐次开展抚育间伐活动，间隔期 3~5 年，少量多次。

塞罕坝的天然云杉林，是珍贵的生态样本和教学示范，应以其为示范，研究和开展天然次生林环境条件下的人工促进植被进展演替工作，采用人工干预，加快纯自然森林的演替进度，尽早形成近自然、优质、高效、健康、稳定的云杉群落森林。

第4章　塞罕坝地区云杉人工林的土壤养分状况

土壤是植物的生长载体，为森林植物以及动物的生长发育、繁衍生息提供必需的环境条件(马长顺等，2014)。土壤养分是构成土壤肥力的基础，土壤肥力又是土壤生产力的保障(吴玉红等，2010)。了解土壤的养分状况是实现森林可持续经营的基础。森林土壤养分受多种因素的影响，如林分类型、母质和地形等。廖全兰等(2020)研究得出，土壤养分在不同地形之间也会呈现显著性差异。塞罕坝坝上地区云杉分布的地形主要有坡地、漫甸和沟谷地带。本研究以塞罕坝地区不同地形条件的云杉人工林为研究对象，分析了土壤 pH 值、有机质、全磷、全钾、全氮以及速效磷、速效钾和碱解氮含量随地形变化的规律，旨在了解地形条件对云杉人工林土壤化学性质的影响，为塞罕坝地区云杉人工林的经营提供了科学依据。

4.1　研究方法

标准地设置：在塞罕坝机械林场的千层板林场和北漫甸林场，选择位于沟底、坡面和曼甸 3 种地形条件的云杉林，分别设置面积为 20m×30m 的 3 块调查样地，共 9 块样地。

土壤的采集及处理：在 9 块样地内分 3 层对 0~40cm 的土壤进行采集，每个标准地内采用对角线方式，挖 3 个土壤剖面进行取土，在 10cm、20cm、40cm 处，分别采集土样，并做好标记，带回实验室。将从试验地采集回来的土壤放置在一个阴凉干燥、无其他污染源的实验室内，将土壤放在干净的纸张上面，且常常翻动以加速土壤的晾干，放置约 7d。将在实验室风干好的土壤，挑拣出杂质，如草根、树根、石子等。选用 1.0mm 的筛子，进行过筛处理，过程中无遗漏或抛弃土壤。然后将过完筛的土壤放入做好标记的塑封袋中进行保存、放置。所有土壤样品可以进行土壤化学性质测定，如土壤有机质、pH 值、全氮、全钾、全磷、速效氮、速效钾、速效磷等。

土壤养分分析：在实验室内对土壤样品进行理化性质分析，主要测定土壤有机质、pH 值、全氮、全磷、全钾、速效氮、速效磷、速效钾等。应用的主要分析方法有：土壤有机质的测定采用重铬酸钾-硫酸法；pH 值的测定采用电位计法；碱解氮的测定采用碱解扩散吸收法；速效磷的测定采用碳酸氢钠法；速效钾的测定采用醋酸铵-火焰光度计法；全氮、全磷、全钾的测定采用硫酸-高氯酸消煮法。

4.2　不同地形云杉人工林的土壤养分状况

在沟底、坡面和曼甸 3 种不同地势条件下，0～10cm 深度土壤的有机质、全磷、速效磷和碱解氮含量存在显著性差异(表 4-1)，即不同地势条件对土壤深度为 0～10cm 的土壤有机质、全磷、速效磷和碱解氮含量均有影响。坡面位置的有机质、全磷、速效磷和碱解氮含量分别比沟底位置高出 39.1%、30.1%、32.6%和 61.7%，比曼甸位置高出 62.4%、38.8%、42.2%和48.9%，有机质、全磷和速效磷含量在沟底与曼甸间无显著差异，但曼甸中的碱解氮比沟底显著高出 8.55%。

全钾含量在坡面位置显著高于沟底和曼甸，分别比沟底和曼甸高出 9.2%和 22.7%，沟底全钾含量略高于曼甸，但无显著差异。速效钾含量在 3 种地势条件下，均存在显著性差异，即不同地势条件对土壤深度为 0～10cm 的土壤速效钾含量有影响，坡面位置的速效钾含量比沟底和曼甸高出 7.6%和 19.4%，沟底比曼甸高出 11.0%。

pH 值和全氮含量在 3 种不同地势条件下，不存在显著性差异，即不同地势条件对土壤深度为 0～10cm 的土壤 pH 值和全氮含量均没有显著影响。

表 4-1 0~10cm 土层上的土壤养分统计特征值

地形	有机质(g/kg)	pH 值	全磷(g/kg)	全氮(g/kg)	全钾(g/kg)	速效磷(mg/kg)	速效钾(mg/kg)	碱解氮(mg/kg)
沟底	75.246b	6.134ab	0.272b	0.221b	8.646b	2.109b	85.623b	90.922b
漫甸	64.469b	6.186a	0.255b	0.225b	7.692b	1.966b	77.160c	98.700b
坡面	104.672a	5.960b	0.354a	0.275a	9.441a	2.796a	92.113a	147.000a

注：同列数据后不同小写字母表示差异显著水平为 $p<0.05$。

表 4-2 10~20cm 土层上的土壤养分统计特征值

地形	有机质(g/kg)	pH 值	全磷(g/kg)	全氮(g/kg)	全钾(g/kg)	速效磷(mg/kg)	速效钾(mg/kg)	碱解氮(mg/kg)
沟底	52.240b	6.023a	0.222b	0.185a	6.116b	1.844b	68.904a	62.067b
漫甸	50.100b	6.037a	0.231b	0.188b	5.779b	1.785b	62.830a	81.978b
坡面	75.017a	5.907a	0.322a	0.217a	7.294a	2.313a	77.783a	115.733a

注：同列数据后不同小写字母表示差异显著水平为 $p<0.05$。

由表 4-2 可知，从 10~20cm 土层来看，不同地形云杉林的土壤有机质、全磷、全钾、速效磷和碱解氮含量具有显著差异，pH 值、全氮和速效钾含量没有显著差异。有机质、全钾、速效磷和速效钾含量从大到小分别为：坡面>沟底>漫甸，pH 值从大到小分别为：漫甸>沟底>坡面，全磷、全氮和碱解氮含量从大到小分别为：坡面>漫甸>沟底。

表 4-3 20~40cm 土层上的土壤养分统计特征值

地形	有机质(g/kg)	pH 值	全磷(g/kg)	全氮(g/kg)	全钾(g/kg)	速效磷(mg/kg)	速效钾(mg/kg)	碱解氮(mg/kg)
沟底	42.687b	5.909a	0.206b	0.137a	4.360b	1.473b	56.703ab	51.567b
漫甸	40.546b	6.008a	0.207b	0.156a	4.565ab	1.472b	49.174b	64.867b
坡面	64.699a	6.034a	0.287a	0.174a	5.431a	1.728a	65.841a	96.056a

注：同列数据后不同小写字母表示差异显著水平为 $p<0.05$。

由表 4-3 可知，从 20~40cm 土层来看，不同地形云杉林的土壤有机质、全磷、全钾、速效磷、速效钾和碱解氮含量具有显著差异，pH 值和全氮含量没有显著差异。有机质、速效磷和速效钾含量从大到小分别为：坡面>沟底>漫甸，pH 值、全磷、全钾、全氮和碱解氮含量从大到小分别为：坡面>漫甸>沟底。

以上研究结果说明，地形对云杉人工林的土壤养分具有明显影响。杨家慧等(2020)研究表明，坡度与全钾、速效钾、全磷、速效磷和有机质均呈显著负相关关系。廖全兰等(2020)在分析茂兰喀斯特森林不同地形土壤养分特征时也得到类似的结论，该研究指出，在漏斗、槽谷和坡地 3 种地形中，坡地地形由于雨水的淋溶作用强，土壤的养分含量最低，漏斗地形属于负地形，土壤水分含量较高，植被覆盖度大，凋落物积累较多，有利于土壤养分的累积，因此土壤养分条件最好。本研究中，坡面地形虽然坡度高于沟底和曼甸，但有机质、全磷、速效磷和碱解氮含量均高于曼甸和沟底(表 4-1 至表 4-3)，与之前的研究结论不同。这是由于本研究中，坡面地形的坡度并不大，同时该地区的降水量较低，地形和水文条件对土壤养分的影响较弱，而林分对土壤养分的影响更大。坡面的云杉林的密度和郁闭度均高于沟底和曼甸，因此，导致坡面地形的土壤养分含量反而高于其他坡度较缓的地形。李程远等(2021)的研究也证明，林带可以缩减坡面侵蚀区范围、实现侵蚀区向沉积区转变，进而缓解养分流失。本研究表明，不同地势条件下土壤全氮含量和 pH 值的差异并不显著，虽然有研究表明杉木人工林的土壤全氮含量和 pH 值在不同海拔间存在显著差异(唐楚珺等，2022)，但海拔并不能完全等同于地势条件，具体情况仍需进一步分析。

4.3　云杉人工林土壤养分与有机质的关系

有机质是土壤的重要组成部分，是土壤中各种营养物质的重要来源，特别是氮和磷。它是土壤微生物生命活动的能量来源，可以改善土壤结构和其他理化性质。因此，土壤有机质含量是土壤肥力的重要指标，在一定程度上反映了土壤的健康状况(史军海等，2012)。为探讨云杉人工林土壤有机质与 6 种土壤养分因子的关系，包括总氮、碱解氮、总磷、速效磷、速效钾和速效钾，采用回归分析上述土壤养分因子及其相关性，获得了有机物和其他 6 个因子之间的相关关系。

从图 4-1 可以看出，各营养元素与有机质之间均存在不同程度的正相关关系。土壤中全氮、碱解氮、全磷、全钾、速效钾的含量随着有机质的变化而变化，有机质含量越高，全氮、碱解氮、全磷、全钾、速效钾的含量也越高，但是这几种养分含量变化的程度却各不相同。

全氮、速效磷和碱解氮与有机质呈线性关系，土壤有机质含量越高，全氮、速效磷、碱解氮含量越高，且随有机质含量的增加而继续升高。全磷和有机质是幂函数关系，土壤有机质含量越高，全磷含量越高，但随着有机质含量的增加，全磷的增长越来越慢。全钾、速效钾和有机质是对数函数关系，土壤有机质含量越高，全钾和速效钾含量越高，但当有机质含量提高到一定程度时，全钾和速效钾不会再跟随有机质含量的变化而变化，会趋于一个常数。pH 值与有机质之间没有显著的相关性，也没有随着有机质的变化而呈现一定的趋势变化。

由以上结果可知，土壤有机质含量代表全氮、速效氮、全磷、全钾、速效钾、速效磷水平。因此，土壤有机质含量可以作为衡量土壤肥力的重要指标，通过测量有机质含量可以判断土壤总养分含量的高低。

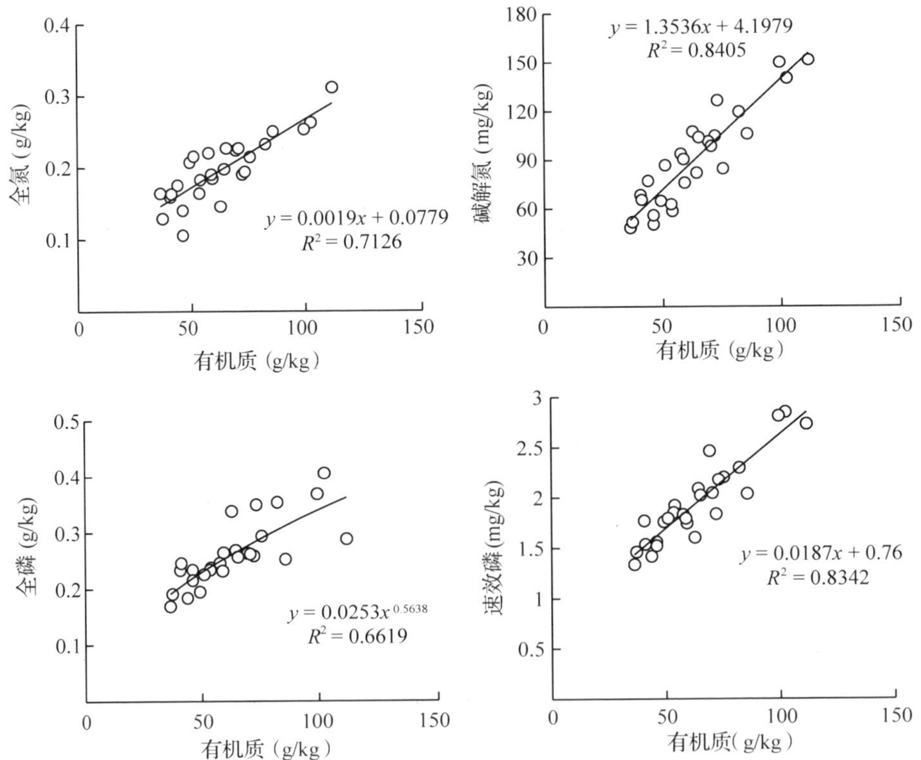

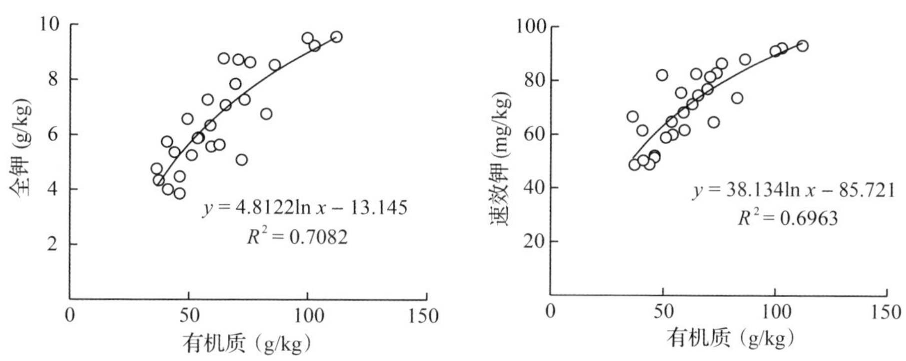

图4-1　土壤有机质含量与氮、磷、钾的相关关系

4.4 云杉人工林与樟子松人工林土壤养分的比较

云杉和樟子松是塞罕坝地区两个主要的常绿针叶树种，两种人工林下土壤养分状况有明显差异。从土壤有机质含量来看，云杉人工林明显高于樟子松人工林，前者0~10cm和10~20cm的有机质含量分别为64.47~104.67g/kg和50.10~75.02g/kg，樟子松人工林则分别为21.06~33.81g/kg和10.76~19.52g/kg。土壤全磷和全氮含量也均为云杉人工林高于樟子松人工林(表4-4)。全钾和碱解氮含量两种人工林差异不大，其变化范围较为接近。而速效钾和速效磷含量则为樟子松人工林高于云杉人工林。由于造林之前的立地条件为贫瘠的退化沙地，使用云杉和樟子松进行造林之后，土壤的理化性质发生了明显的改变。两种人工林下土壤养分含量的差异，表明两个树种对土壤的影响不同，总体来看，云杉对土壤的有机质、全磷和全氮含量的提升作用更为明显，对土壤理化性质的影响更大。

表4-4　云杉人工林与樟子松人工林土壤养分含量的比较

类型	层次（cm）	有机质（g/kg）	pH值	全磷（g/kg）	全氮（g/kg）	全钾（g/kg）	速效磷（mg/kg）	速效钾（mg/kg）	碱解氮（mg/kg）
云杉	0~10	64.47~104.67	5.96~6.18	0.26~0.35	0.22~0.28	7.69~9.44	1.97~2.88	77.16~92.11	90.92~147.00
	10~20	50.10~75.02	5.91~6.04	0.22~0.32	0.19~0.22	5.78~7.29	1.79~2.31	62.83~77.78	62.07~115.73

（续）

类型	层次（cm）	有机质（g/kg）	pH 值	全磷（g/kg）	全氮（g/kg）	全钾（g/kg）	速效磷（mg/kg）	速效钾（mg/kg）	碱解氮（mg/kg）
樟子松	0~10	21.06~33.81	5.77~6.35	0.17~0.20	0.14~0.20	7.65~8.19	4.03~9.98	210.92~237.87	114.74~153.33
	10~20	10.76~19.52	6.46~5.70	0.12~0.16	0.12~0.15	5.39~6.61	3.45~8.24	111.43~151.56	66.79~97.68

4.5 小 结

本研究中，分布于不同地形的云杉林土壤中的有机质、全磷、全氮、速效磷、速效钾、碱解氮含量有明显不同，表现为坡面>漫甸>沟底，pH 值、全钾含量随地形变化，无规律变化。不同地形中云杉林土壤养分含量的差异受林分和地形的共同影响。本研究中、坡地地形的坡度不大，同时该地区的降水量较小，因此由地形导致的水文过程的不同对土壤养分的影响也较小，林分特征对土壤养分的影响更大。土壤有机质与全氮、速效氮、全磷、全钾、速效钾、速效磷呈明显的相关关系，因此土壤有机质含量可以作为衡量土壤肥力的重要指标，通过测量有机质含量可以判断土壤总养分含量的高低。相对于塞罕坝地区的另外一种常绿针叶树种樟子松，云杉人工林的土壤具有更高的有机质、全磷和全氮的含量，云杉提高土壤养分的作用更为明显。

第5章　塞罕坝地区云杉人工林生长规律

了解林分的生长规律是实现森林可持续经营的基础。林分的生长受树种特征、林分密度和立地条件的影响。本研究以塞罕坝地区立地条件相似的云杉人工林为研究对象，研究不同林分密度下云杉生长规律的差异，为该地区云杉人工林的生长提供科学依据。

5.1　研究方法

在对塞罕坝机械林场的云杉人工林进行全面踏查的基础上，在千层板林场和北漫甸林场不同密度的云杉林中，设置面积为20m×30m的调查样地10块，其中高密度3块，低密度5块，其密度分别为2817~3250株/hm^{2}和1000~1317株/hm^2。对各样地进行每木检尺，调查内容包括坐标、坡向、坡度、胸径、树高、冠幅等。胸径测量采用胸径尺，冠幅采用激光测距仪，树高采用勃鲁莱测高器进行测定。各样地林分概况见表5-1。

表5-1　各样地概况

样地	年龄(年)	海拔(m)	坡向	坡度(°)	胸径(cm)	密度(株/hm^2)
高密度	38~42	1728~1798	—	—	13.1~14.9	2817~3250
低密度	38~42	1650~1895	北，东北	0~13	16.80~19.50	1000~1317

解析木的选取与测定：通过对各标准地进行每木检尺的调查，选择正常生长、无病虫害和枝条连续的正常木作为解析木，分别对标准地内的标准木、优势木进行树干解析。标准木位于树冠层中部，优势木位于树冠层上部。选取解析木后，应按适当的倒向进行相应的场地清理，以便于树木被伐倒后的量测和锯解工作的进行。从根颈处锯切，伐倒解析木后，测量每棵解析木的实际胸径、树高、各轮枝的高度和枝下高，打去枝丫，用粉笔在树干上标出南、北方向。根据树木高度确定区分段的长度，树高>

10m 的按 2m 一段划分，树高<10m 的按 1m 一段划分，将整棵树划分为若干段，截取厚度为 2~5cm 的圆盘。

5.2 不同密度的云杉林胸径生长过程

5.2.1 胸径连年生长量的变化

不同密度的云杉林胸径连年生长量的变化如图 5-1 和图 5-2 所示。由图 5-1 可知，不同密度云杉标准木胸径的连年生长量呈现出一致的规律性，其连年生长量均呈现出先增长后下降的趋势，在 19~22 年达到高峰，之后呈波动下降。高密度、低密度抚育云杉标准木胸径的连年生长量分别在 22 年和 19 年时出现峰值，其峰值分别为 0.63cm 和 0.87cm，之后，胸径呈逐渐下降的趋势。总体上，低密度云杉林的胸径连年生长量明显高于高密度云杉林。

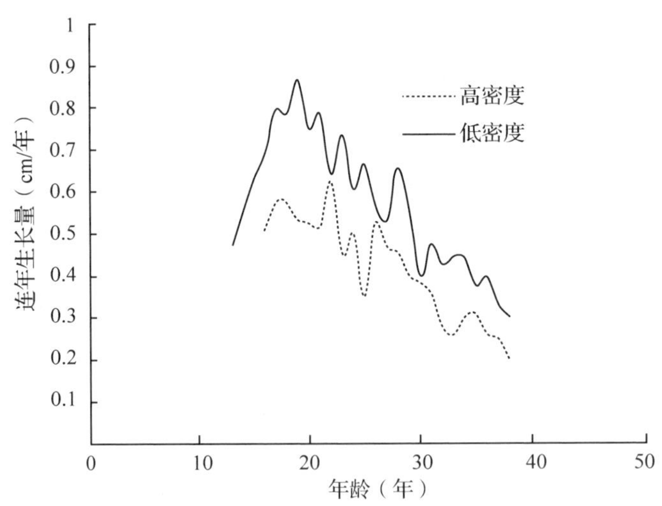

图 5-1 不同密度云杉标准木胸径连年生长量

由图 5-2 可以看出，优势木胸径的生长过程与标准木类似，也呈现出先上升后下降的过程，但是不同密度之间胸径生长量的差异与标准木有所不同。高密度和低密度云杉优势木分别在 17 年和 20 年时连年生长量达到峰值，分别为 0. 77cm 和 1. 32cm，相对于标准木二者的差异更大。同时，从图 4-2 还可以发现，26 年之后，二者连年生长量的差异变小。其原因可能在于随着年龄的增长，优势木在林分中的优势愈加明显，其生长受周围其他林木的影响越来越小，因此受密度的影响也就逐渐减小。

由以上结果可知，标准木和优势木的胸径连年生长量均随年龄的增加有一个先上升后下降的趋势。连年生长量在达到高峰后呈现明显的下降趋势，主要是由于随林分年龄的增加，林木个体逐渐增大，对营养空间的需求也逐渐增加，因此导致竞争逐渐加剧，使得胸径的连年生长量明显下降。但是，标准木和优势木在林分中所处的位置不同，其受林分密度的影响也有所不同，因此变化趋势明显不同。同时，研究结果还可以看出，标准木和优势木的胸径连年生长量有明显差异，高密度林分优势木为标准木的 1. 20 倍，低密度林分优势木则为标准木的 1. 52 倍。

为了提高云杉的胸径生长量，应在胸径连年生长量出现明显下降时，及时进行抚育间伐，使其较高的连年生长量能够维持更长的时间，以提高胸径的总生长量。

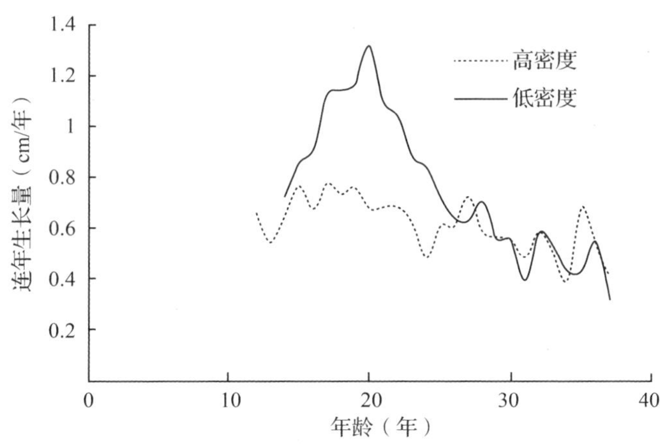

图 5-2　不同密度云杉优势木胸径连年生长量

5. 2. 2　胸径总生长量的变化

不同密度云杉林胸径总生长量如图 5-3 和图 5-4 所示。由图 5-3 可以看出，不同密度云杉标准木胸径的总生长量，随年龄的变化趋势大致相同，均呈逐年上升的趋势，早期生长速度较快，然后逐渐趋于平缓。低密度云杉标准木的胸径总生长量明显高于高密度，41 年时，高密度和低密度云杉标准木的总生长量分别为 11. 38cm 和 16. 17cm，后者为前者的 1. 42 倍。

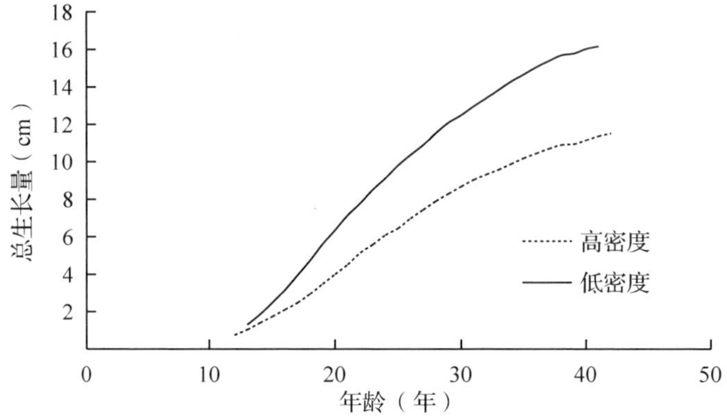

图 5-3　不同密度云杉标准木胸径的总生长量

由图 5-4 可以看出，与标准木类似，优势木胸径总生长量曲线走势大致相同。低密度云杉优势木的胸径总生长量明显高于高密度云杉林。41 年时，高密度云杉林优势木和低密度云杉林优势木胸径的总生长量分别为 18. 71cm 和 22. 22cm，后者为前者的 1. 19 倍。相对于标准木，优势木的差异相对较小，再次说明优势木的生长受林分密度的影响较小。

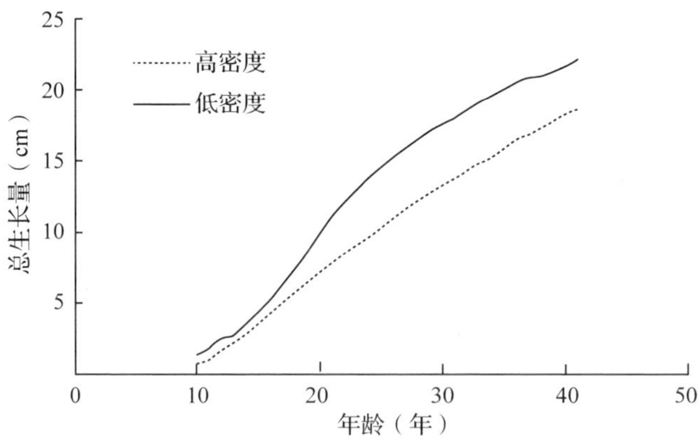

图 5-4　不同密度云杉优势木胸径的总生长量

5.3　不同密度云杉林树高的生长过程

5.3.1　树高连年生长量的变化

不同密度云杉林树高连年生长量变化如图 5-5 和图 5-6 所示。由图 5-5 可知，不同密度云杉林标准木树高的连年生长量呈现出一致的规律性，均呈现出先增长而后趋于稳定性波动的变化趋势。在约 21 年之前，连年生长量呈逐年增加的趋势，在 21 年左右达到高峰，之后呈波动性变化，但总体趋于稳定。

与胸径不同，不同密度云杉林标准木树高的连年生长量没有显著差异，尤其是在 21 年之后，其连年生长量基本处于相同水平，在 0. 40cm/年上下波动。

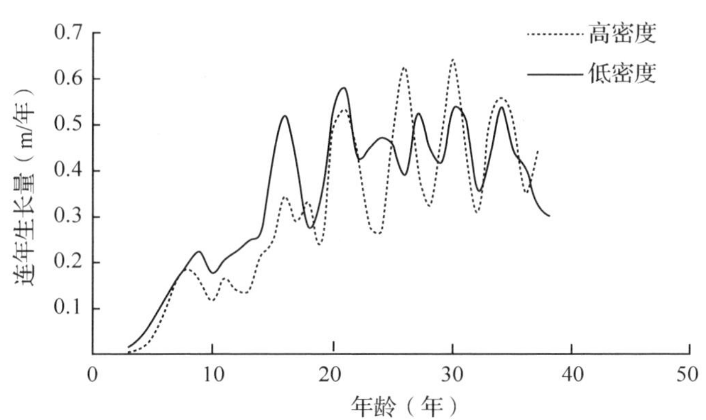

图 5-5　不同密度云杉标准木树高的连年生长量

由图 5-6 可以看出，优势木树高的生长过程与标准木类似，也呈现出先上升后趋于稳定性波动的变化趋势，且不同密度之间，优势木树高的连年生长量没有显著差异，同样在 40cm/年上下波动。

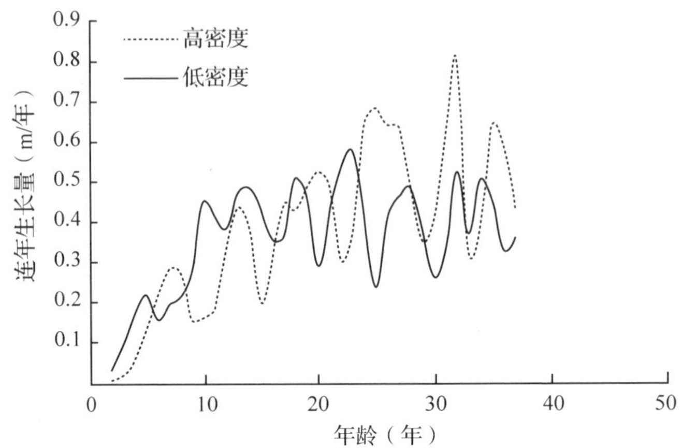

图 5-6 不同密度云杉优势木树高的连年生长量

5.3.2 树高总生长量的变化

不同密度云杉林树高总生长量变化如图 5-7 和图 5-8 所示。由图 5-7 可以看出，不同密度下，云杉标准木树高总生长量随年龄的变化趋势相同，均在 10 年之前呈缓慢增加的趋势，10 年之后，呈快速增加的趋势。总体上，低密度云杉林标准木的树高略高于高密度云杉，但相差不大。如在 41 年时，高密度云杉林和低密度云杉林的标准木树高的总生长量分别为 12.73m 和 13.31m。

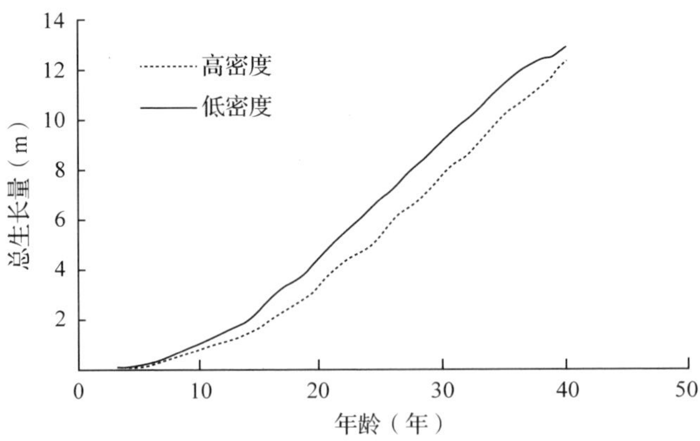

图 5-7 不同密度云杉标准木树高的总生长量

与标准木类似，不同密度云杉林优势木树高总生长量曲线也呈相同走势(图 5-8)，且不同期总生长量没有显著差异，两条曲线基本重合。这再次说明密度对云杉的高生长，尤其是优势木的高生长没有明显影响。

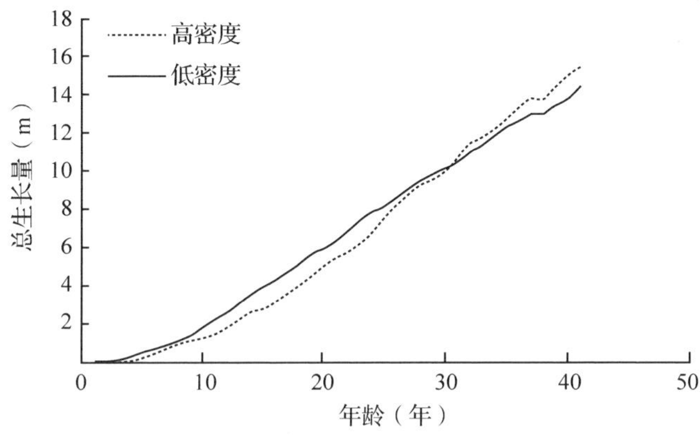

图 5-8　不同密度云杉优势木树高的总生长量

5.4　不同密度云杉林材积生长过程

5.4.1　材积连年生长量的变化

不同密度云杉林材积连年生长量的变化如图 5-9 和图 5-10 所示。由图 5-9 可知，不同密度云杉林标准木材积的连年生长量呈现出一致的规律性，在 15 年之前，连年生长量呈缓慢增长的趋势，15 年之后呈快速增长的趋势。同时，低密度云杉林标准木材积的连年生长量明显高于高密度云杉林，如低密度云杉 35 年时的材积连年生长量为 0.0081m^3/年，高密度云杉林则为 0.0043m^3/年，前者为后者的 1.88 倍。

由图 5-10 可以看出，优势木材积的生长过程与标准木类似，也是在 15 年之前呈缓慢增长的趋势，15 年之后则快速增长。但是不同密度优势木材积的连年生长量的差异，在 30 年之前较为明显，30 年之后则趋于一致。其原因与不同密度优势木胸径生长量的差异类似，即随年龄的增加，优势木的优势愈加明显，而受林分密度的影响则趋于减弱，导致其差异逐渐减小。

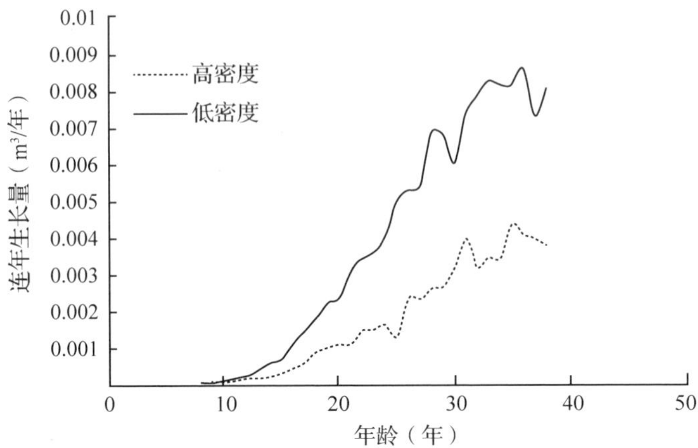

图 5-9　不同密度云杉标准木材积的连年生长量

对比优势木与标准木的生长，可以看出，不同密度云杉林优势木材积的连年生长量都明显高于标准木。如，高密度云杉优势木在 35 年时，材积年生长量达到了 0.01386m^3，但标准木仅为 0.00435m^3，前者为后者的 3.19 倍。

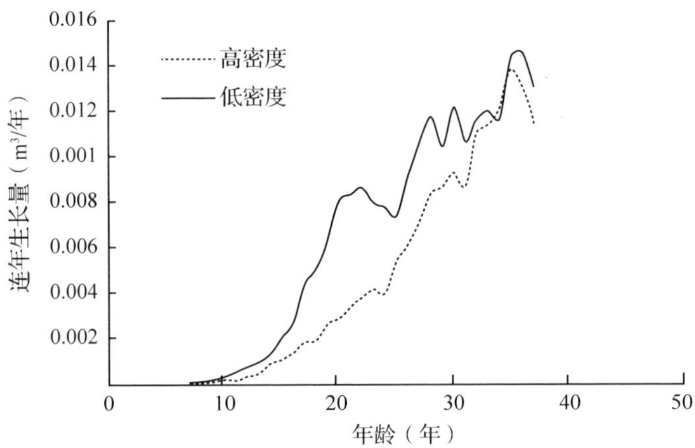

图 5-10　不同密度云杉优势木材积的连年生长量

5.4.2　材积总生长量变化

不同密度云杉林材积的总生长量如图 5-11 和图 5-12 所示。由图 5-11 可以看出，不同密度下云杉标准木材积总生长量的变化趋势相同，20 年之前云杉材积呈缓慢增加的趋势，20 年之后材积迅速增长。同时，20 年之前，高密度与低密度标准木材积差异不大，20 年之后，其差异逐渐增加。在 41 年时，高密度和低密度云杉林标准木材积的总生长量分别为 0. 06243m^3 和 0. 13538m^3，后者为前者的 2. 17 倍，可见林分密度对林木材积的影响巨大。

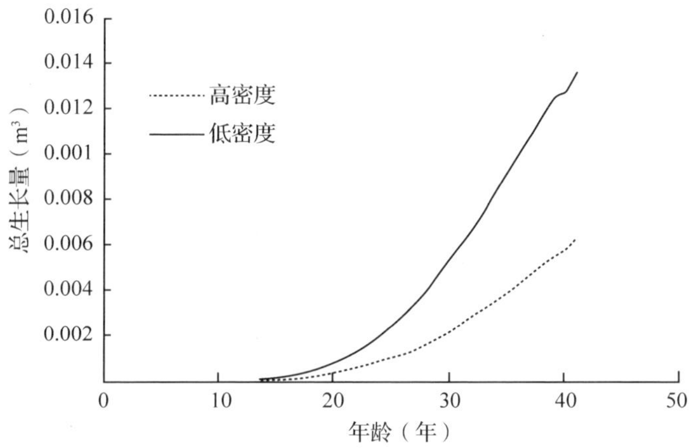

图 5-11　不同密度云杉标准木材积总生长量

与标准木类似，不同密度云杉林优势木材积总生长量曲线走势相同（图 5-12）。但两种密度下优势木材积差异较小，41 年时，高密度和低密度优势木材积的总生长量分别为 0. 2086m^3 和 0. 2575m^3，后者为前者的 1. 23 倍，明显低于标准木的 2. 17 倍。

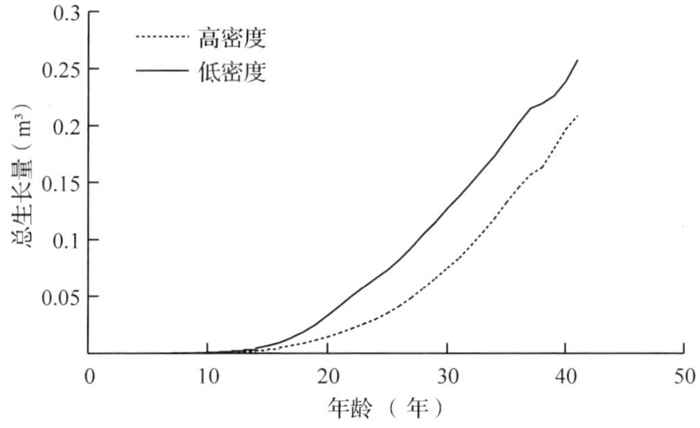

图 5-12　不同密度云杉优势木材积总生长量

5.5 不同抚育强度云杉的生长模型

运用 Forstat 软件对云杉的生长过程进行拟合，得到云杉优势木和标准木胸径、树高和材积生长的最优模型均为理查德(Richards)模型，即 $y=A(1-e^{-kt})^b$，其中 t 为龄阶，A、b、k 为参数，见表 5-2。

表 5-2 云杉各抚育强度优势木和标准木的胸径、树高及材积生长模型

抚育强度	林木	指标	模型	A	b	k	R^2
高密度	优势木	胸径	$D=A(1-e^{-kt})^b$	21.036	6.271	0.090	0.972
		树高	$H=A(1-e^{-kt})^b$	32.926	2.684	0.034	0.985
		材积	$V=A(1-e^{-kt})^b$	0.737	8.316	0.048	0.984
	标准木	胸径	$D=A(1-e^{-kt})^b$	12.917	8.452	0.102	0.909
		树高	$H=A(1-e^{-kt})^b$	25.006	4.570	0.050	0.915
		材积	$V=A(1-e^{-kt})^b$	0.178	9.239	0.056	0.967
低密度	优势木	胸径	$D=A(1-e^{-kt})^b$	26.301	6.114	0.091	0.952
		树高	$H=A(1-e^{-kt})^b$	22.761	2.275	0.041	0.943
		材积	$V=A(1-e^{-kt})^b$	0.463	8.394	0.065	0.918
	标准木	胸径	$D=A(1-e^{-kt})^b$	19.737	7.794	0.095	0.940
		树高	$H=A(1-e^{-kt})^b$	18.754	4.900	0.068	0.926
		材积	$V=A(1-e^{-kt})^b$	0.264	12.659	0.074	0.949

5.5.1 不同密度云杉胸径的生长模型

(1)不同密度云杉标准木胸径的生长模型

由云杉的胸径生长模型得到的胸径连年生长量和平均生长量曲线如图 5-13 所示。可以看出，高密度云杉林标准木胸径的连年生长量达到最大时年龄为 21 年，连年生长量为 0.517cm，平均生长量达到最大时年龄为 33 年，平均生长量为 0.292cm；低密度云杉林标准木胸径的连年生长量达到最大时年龄为 22 年，连年生长量为 0.74cm，平均生长量达到最大时年龄为 34 年，平均生长量为 0.426cm。以上结果说明，在本研究中林分密度对云杉胸径平均生长量最大值出现的年龄没有明显影响，但低密度林分连年生长量和平均生长量的最大值均高于高密度。

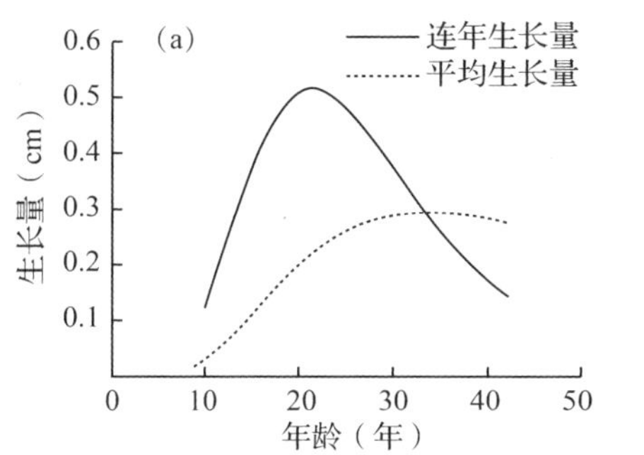

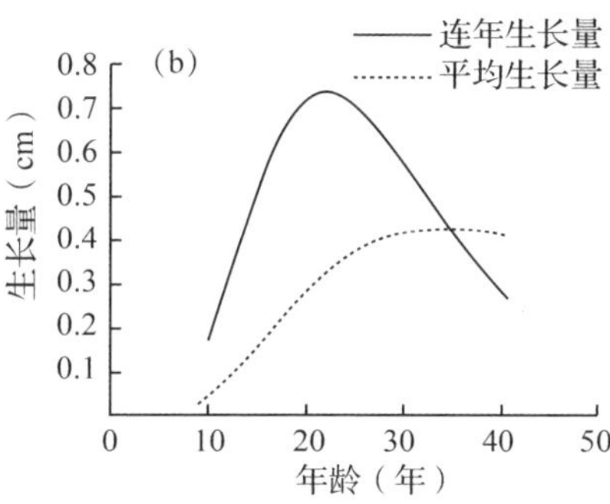

图 5-13　云杉标准木胸径的生长模型

注：(a)为高密度；(b)为低密度。

(2)不同密度云杉优势木胸径的生长模型

由云杉的胸径生长模型得到的胸径连年生长量和平均生长量曲线如图 5-14 所示。可以看出，高密度云杉林优势木胸径的连年生长量达到最大时年龄为 21 年，连年生长量为 0.76cm，平均生长量达到最大时年龄为 33 年，平均生长量为 0.46cm；低密度抚育云杉林优势木胸径的连年生长量达到最大时年龄为 20 年，连年生长量为 0.96cm，平均生长量达到最大时年龄为 33 年，平均生长量为 0.59cm。低密度抚育优势木胸径的连年生长量最高值是高密度的 1.26 倍，平均生长量最高值是高密度的 1.28 倍。

以上结果说明，抚育间伐对云杉胸径平均生长量最大值出现的年龄和云杉优势木胸径的生长情况没有明显影响。

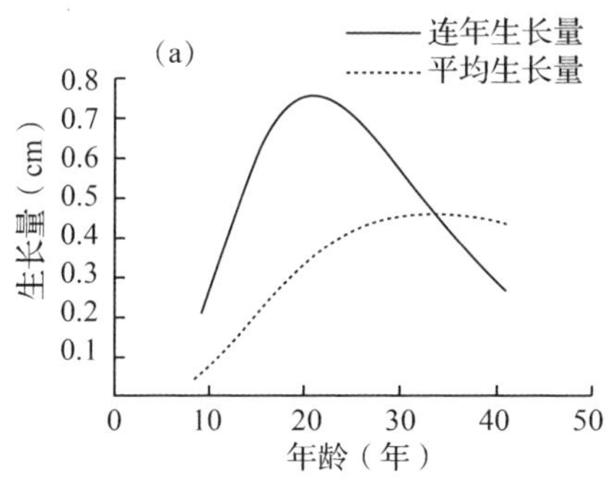

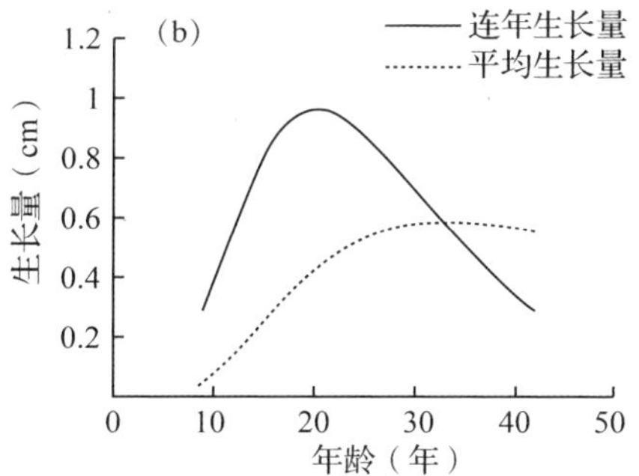

图 5-14　云杉优势木胸径的生长模型

注：(a)为高密度；(b)为低密度。

5.5.2 不同密度云杉树高的生长模型

(1)不同密度云杉标准木树高的生长模型

由云杉的树高生长模型得到的树高连年生长量和平均生长量曲线如图5-15所示。可以看出，高密度云杉林标准木树高的连年生长量达到最大时年龄为31年，连年生长量为0.52m，到42年时，平均生长量为0.33m，平均生长量曲线仍呈上升趋势，未达到最大值；低密度抚育云杉林标准木树高的连年生长量达到最大时年龄为24年，连年生长量为0.52m，平均生长量达到最大时年龄为39年，平均生长量为0.34m。以上结果说明，低密度云杉树高连年生长量和平均生长量最大值出现年龄均早于高密度云杉，但连年生长量和平均生长量的最大值没有明显差异，再次说明，密度对云杉的高生长量没有明显影响。

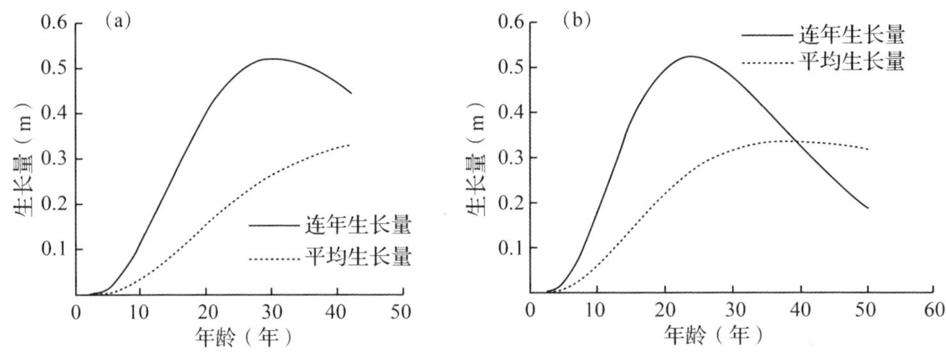

图5-15 云杉标准木树高的生长模型

注：(a)为高密度；(b)为低密度。

(2)不同密度云杉优势木树高的生长模型

由云杉优势木的树高生长模型得到的树高连年生长量和平均生长量曲线如图5-16所示。可以看出，高密度云杉林优势木树高的连年生长量达到最大时年龄为30年，连年生长量为0.51m，到41年时，平均生长量为0.37m，平均生长量曲线仍呈上升趋势，未达到最大值；低密度抚育云杉林优势木树高的连年生长量达到最大时年龄为21年，连以上结果说明，抚育后云杉树高连年生长量和平均生长量最大值出现年龄均早于未抚育云杉，抚育间伐对云杉树高生长量没有明显一致的影响年生长量为 0.45m，平均生长量达到最大时年龄为 36 年，平均生长量为 0.35m。以上结果说明，抚育后云杉树高连年生长量和平均生长量最大值出现年龄均早于未抚育云杉，抚育间伐对云杉树高生长量没有明显一致的影响。

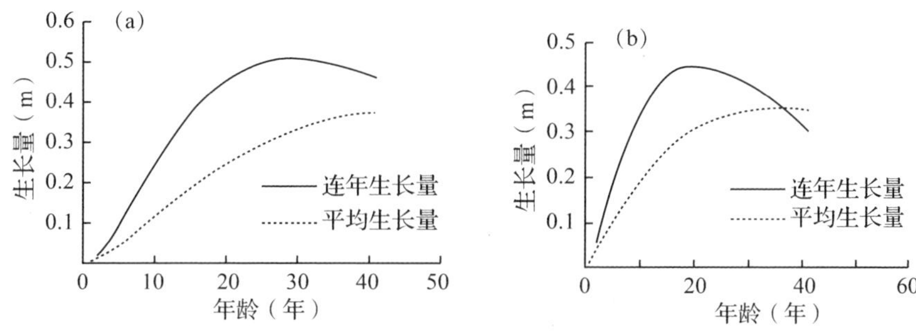

图 5-16　云杉优势木树高的生长模型

注：(a)为高密度；(b)为低密度。

5.5.3　不同密度云杉材积的生长模型

(1)不同密度云杉标准木材积的生长模型

根据云杉材积生长模型，得到云杉材积的平均生长量和连年生长量曲线(图 5-17)。可以看出，高密度标准木材积的连年生长量达到最大时年龄为 40 年，连年生长量为 0.0039m^3，到 42 年时，平均生长量为 0.0017m^3，平均生长量曲线仍呈上升趋势，未达到最大值；低密度标准木材积的连年生长量达到最大时年龄为 35 年，连年生长量为 0.0075m^3，到 41 年时，平均生长量为 0.0035m^3，平均生长量曲线仍呈上升趋势，未达到最大值。上述结果说明，低密度下云杉林材积连年生长量出现最大值的年龄略早于高密度云杉林，这说明进行抚育间伐，降低林分密度会使得生长高峰到来时间提前。这也意味着抚育间伐不但会促进林木材积生长量，也会导致云杉成熟时间提前。按照当前生长趋势预测，低密度云杉林的数量成熟年龄在 54 年左右。

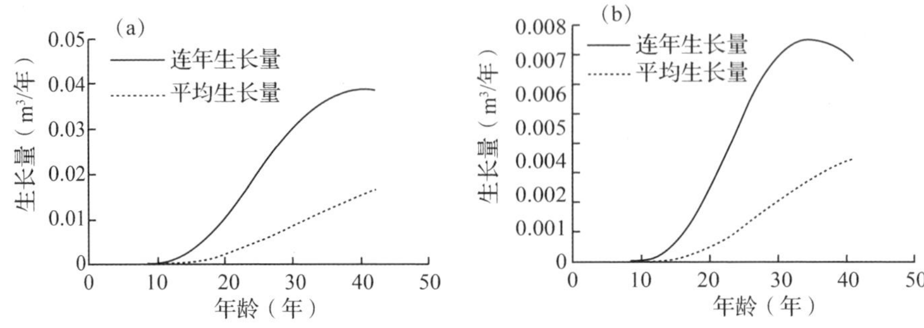

图 5-17 云杉标准木材积的生长模型

注：(a)为高密度；(b)为低密度。

(2)不同密度云杉优势木材积的生长模型

云杉优势木材积的连年生长量曲线和平均生长量曲线如图 5-18 所示。可以看出，高密度云杉林优势木材积在 41 年时，连年生长量和平均生长量均未到达最大值，此时连年生长量为 0.0135m³，平均生长量为 0.0051m³；低密度云杉林优势木材积的连年生长量达到最大时年龄为 33 年，连年生长量为 0.0118m³，到 42 年时，平均生长量为 0.0063m³，平均生长量曲线仍呈上升趋势，未达到最大值。上述结果说明，林分密度有优势木的材积生长量没有明显影响，但是对生长速率的变化会有影响，低密度林分中，材积生长速率的高峰到来时间较早。

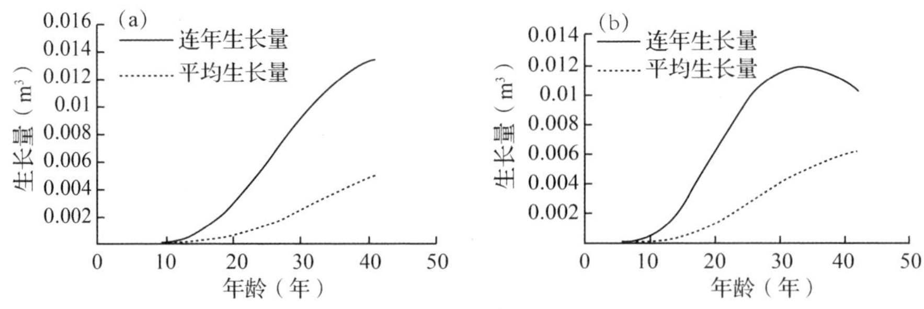

图 5-18 云杉优势木材积的生长模型

注：(a)为高密度；(b)为低密度。

5.6　云杉侧枝的生长规律

林木侧枝的生长状况可以反映林木树冠的生长过程，从而反映林木生长空间的大小及未来生长的潜力。

5.6.1　云杉优势木、标准木和被压木侧枝的生长差异

(1)侧枝的枝长生长

由图 5-19 可知，云杉侧枝枝长的连年生长量呈明显的波动性，年际之间的生长量表现出明显的差异，但总体上，优势木生长量最大，其次是标准木，被压木最低。2009—2019 年，优势木侧枝生长的连年生长量的变化范围为 13.00～29.67cm，标准木则为 10.33～22.5cm，被压木的变化范围为 7～17cm。优势木侧枝枝长的平均生长量为标准木和被压木的 1.48 和 1.91 倍。优势木侧枝的年生长量较高，保证了优势木能够一直维持较大的树冠，在与其他林木的竞争中处于优势地位。另外，从图 5-19 还可以看出，优势木、标准木和被压木的侧枝具有相似的生长节律，这主要是由于其生长在相同的气候条件下。

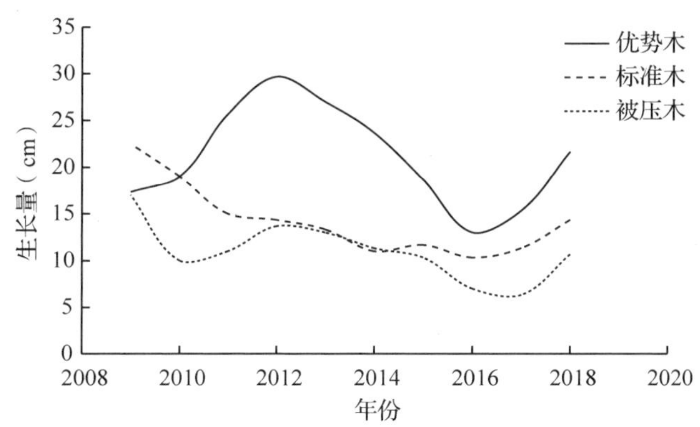

图 5-19　云杉优势木、标准木和被压木侧枝枝长的连年生长量

(2)侧枝的径生长

由图 5-20 可知，云杉侧枝的直径连年生长量也呈现出明显的波动性，而且变化的趋势具有明显的一致性。这说明，径生长与当年的气候条件密

切相关。从生长量来看，同样表现为优势木>标准木>被压木。优势木直径年生长量的变化范围为0.11~0.31cm；标准木为0.09~0.32cm，被压木则为0.03~0.16cm。优势木侧枝径的平均连年生长量分别是标准木和被压木的1.39倍和2.89倍。

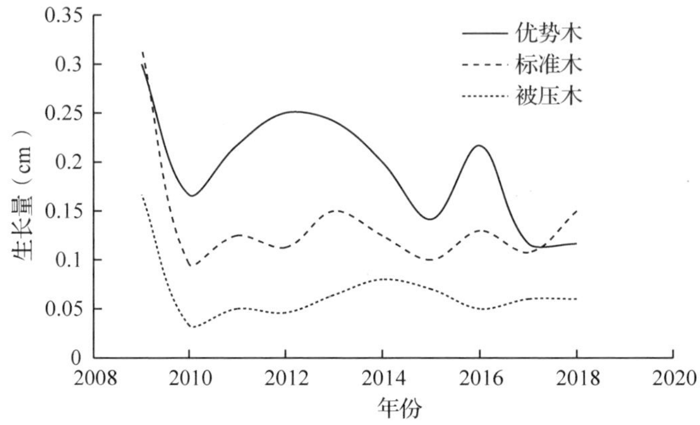

图5-20 云杉优势木、标准木和被压木侧枝径的连年生长量

由以上研究结果可知，云杉林中不同林木侧枝的生长具有明显差异，无论是侧枝枝长生长，还是径生长，都表现为优势木>标准木>被压木。优势木位于林冠层的上部，在林木生长空间的竞争中处于优势地位，树冠具有更大的生长空间，因此侧枝生长量较大。被压木树冠处于林冠的下层，生长空间被其他林木严重挤压，树冠生长受到明显抑制，侧枝的年生长量较低。

5.6.2 不同密度云杉林侧枝的生长差异

(1)侧枝枝长的生长规律

由图5-21可知，不同密度下云杉标准木侧枝枝长的连年生长量均随时间的推移呈现逐渐下降的趋势，如低密度云杉的年生长量在2008年达到了30cm，2018年则为17cm，高密度云杉侧枝在2009年的生长量为22.5cm，2018年则为14.33cm。这表明，侧枝刚抽出时具有较大的生长量，但随着时间的推移，逐渐受到周围林木的影响，生长量逐渐下降。另外，在多数时间内，低密度云杉侧枝的年生长量高于高密度云杉。同时，低密度云杉的枝条存活的年龄为 11 年，高密度云杉侧枝的年龄为 9 年，因为都是采集的最长枝条，所以能够说明低密度下侧枝的存活时间更长。这是因为，林木枝条都有一定的存活时间，随着林木树高的增长，枝条获得的光照会越来越少，最终因为光照不足而死亡。低密度下，枝条受到其他树木的影响相对较小，因此，存活的时间也更长。

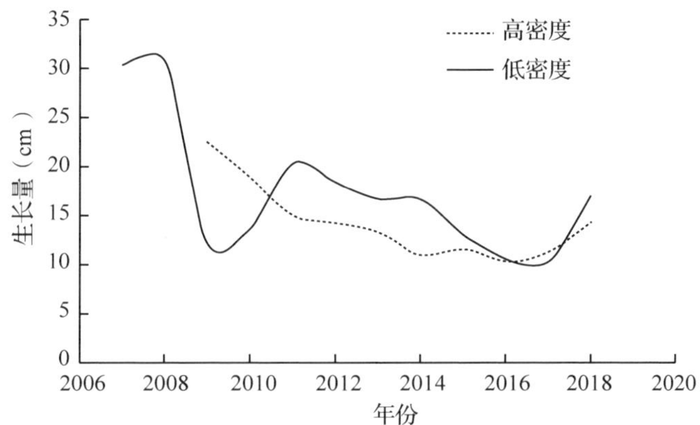

图 5-21　不同密度云杉标准木侧枝枝长的连年生长量

不同密度下优势木侧枝的生长同样存在相同的变化趋势，但与标准木有所不同。两种密度下，侧枝的年生长量均在 2012 年达到最大，其他年份则呈波动性变化。因为优势木基本处于林分的上层，受其他树木的影响相对较小，更多的是受气候的影响，因此变化规律与标准木不同。同时，

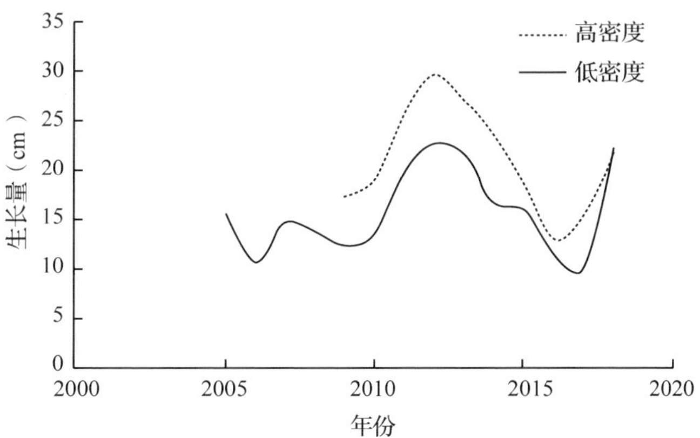

图 5-22　不同密度云杉优势木侧枝枝长的连年生长量

二者的存活时间有明显差异，低密度侧枝的年龄为 13 年，高密度侧枝的年龄仅为 9 年。

(2)侧枝径的生长规律

由图 5-23 可知，两种密度标准木侧枝径的连年生长量变化趋势大致相同，第 1 年侧枝径的生长量最大，之后急剧下降，第 2 年以后，侧枝径的连年生长量呈波动变化并趋于稳定，不同抚育强度标准木侧枝径的连年生长量稳定值相差不大。

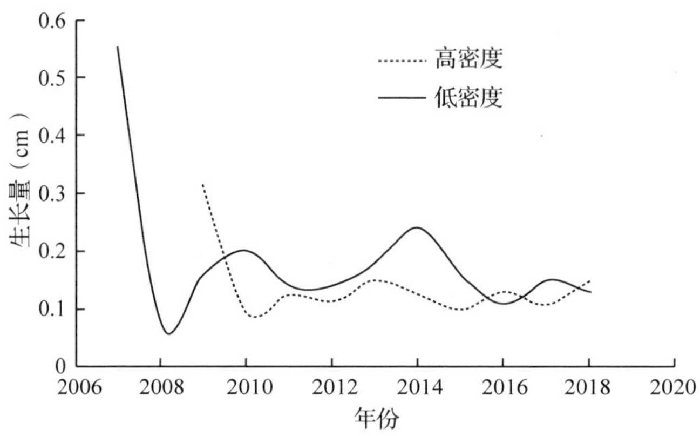

图 5-23　不同密度云杉标准木侧枝径的连年生长量

由图 5-24 可知，两种密度优势木侧枝径的连年生长量变化趋势大致相同，第 1 年侧枝径的生长量最大，之后急剧下降，第 2 年以后，侧枝径的连年生长量呈波动变化。

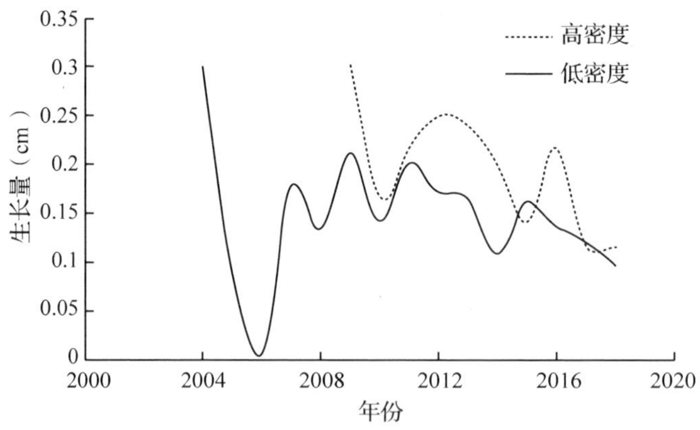

图 5-24　不同密度云杉优势木侧枝径的连年生长量

5.7 小　结

本研究表明，林分密度对云杉的生长规律有明显影响。不同密度下，云杉的胸径、树高和材积的生长趋势相似，但低密度下云杉胸径、材积的连年生长量和总生长量更大，生长量峰值出现更早。而林分密度对云杉标准木和优势木树高的连年生长量和总生长量的影响较小，不同密度下，其连年生长量和总生长量没有明显差异。

本研究建立了塞罕坝地区云杉胸径、树高和材积的生长模型，从均方误差(MSE)和均方根误差($RMSE$)及决定系数(R^2)综合比较来看，均以理查德(Richards)模型，即 $y=A(1-e^{-kt})^b$ 拟合效果最好。低密度下，云杉单木材积的数量成熟年龄更小，大约在 53 年，这意味着，抚育间伐会降低数量成熟龄，林分会更早达到数量成熟。

云杉侧枝枝长及直径年生长量均为优势木>标准木>被压木；不同密度下云杉标准木侧枝枝长的连年生长量均随时间的推移呈现逐渐下降的趋势，低密度云杉侧枝的年生长量高于高密度。低密度云杉的枝条的生存时间更长。优势木侧枝的生长变化趋势与标准木有所不同，其生长量更多受气候的影响。

第6章　塞罕坝地区云杉人工林碳储量及碳汇

森林在调控大气 CO_2 浓度方面发挥着重要作用(Barni et al.，2016；Fang et al.，2001；胡海清等，2015)。目前我国陆地碳汇强度为0.20~0.25Pg C/年，预计2060年为0.15~0.52Pg C/年(杨元合等，2022)，森林贡献了其中约80%的碳汇(Fang et al.，2018)。不同森林类型因建群种的不同，固碳能力会有很大差别。小兴安岭地区红松林、兴安落叶松林、樟子松林、云冷杉林、白桦林、蒙古栎林和山杨林的成熟林的碳密度分别为130.2t/hm^2、113.3t/hm^2、92.6t/hm^2、130.3t/hm^2、88.5t/hm^2、68.9t/hm^2、76.6t/hm^2(胡海清等，2015)。山西省5种主要乔木林的固碳速率，落叶松为6.02t/(hm^2·年)、山杨为10.02t/(hm^2·年)、油松为17.23t/(hm^2·年)、刺槐为18.31t/(hm^2·年)、辽东栎为20.56t/(hm^2·年)(曹晓阳，2013)。同时，林分的固碳能力还与林分的密度直接相关(徐新良等，2007)。林分密度是影响甘肃地区冷杉天然林和栎类天然林碳密度的最重要因素，可解释冷杉天然林碳密度差异53.00%的信息量(岳军伟，2018)。抚育间伐是一种常见的森林经营措施，它会通过影响林分结构而对人工林的碳汇能力产生影响(雷相东等，2005)。轻度间伐后，油松人工林乔木层总碳储量和固碳速率分别比对照组增加47.15%和52%，中度间伐后，固碳速率则增加57%(郭文霞，2017)。

云杉是华北地区分布较广的针叶树种之一，主要在海拔和纬度相对较高的地带形成纯林，也是塞罕坝地区的主要造林树种之一。研究抚育间伐下云杉人工林的固碳速率变化趋势，对于提高云杉人工林的固碳增汇能力具有重要意义。本研究以塞罕坝地区的云杉林为研究对象，研究了云杉人工林的碳储量与林分密度的关系，以及抚育间伐强度对云杉人工林碳储量及固碳速率的影响，为塞罕坝地区云杉林的合理经营，以及碳储量和碳汇作用的评估提供科学依据。

6.1 研究方法

6.1.1 林分调查

通过踏查在塞罕坝机械林场内千层板林场选择从未进行经营的云杉人工林，从中选取立地条件相似且地形较为一致的 13 块样地，样地规模为 20m×30m。该样地中的林木于 1975 年种植，到 2021 年时林分年龄为 46 年。2021 年时进行每木检尺并获取解析木，2022 年时进行凋落物与土壤样品的收集。每木检尺具体包括林木坐标、胸径、冠幅、树高和枯死木年龄。该样地由于林分密度大，林下无灌草。

由表 6-1 可知，将 13 块样地按照林分当下密度划分为 3 个密度梯度，分别为低密度(<2500 株/hm^2)、中密度(2500～3000 株/hm^2)、高密度(>3000 株/hm^2)。

表 6-1　样地划分情况

密度	平均胸径(cm)	平均树高(m)	坡度(°)	初植密度(株/hm^2)	现存密度(株/hm^2)
低密度	15. 50～17. 91	11. 16～12. 27	<5	2333～2767	1783～2250
中密度	14. 37～15. 32	10. 91～11. 88	<5	2933～3400	2517～2817
高密度	12. 03～14. 80	10. 17～11. 24	<5	3950～5017	3250～4067

6.1.2 树干解析

根据每木检尺的数据，计算林分的平均胸径和平均树高，然后在每个样地(除 6 号样地)选取 3 株树干通直、长势良好的标准木，用于树干解析和生物量的测定，共获得 36 株解析木。

选取解析木后，首先将其周围的场地清理干净，然后找好合适的方向将解析木从根颈处伐倒。测量其实际胸径与实际树高，接着打去枝丫，用粉笔在树干上标出南、北两个方向。根据树高确定区分段的长度，树高>10m 的按 2m 为一个区分段划分，树高<10m 的按 1m 为一个区分段划分，将整棵树划分成若干段，截取厚度为 2～5cm 的圆盘。在树干基部和 1. 3m 处分别截取圆盘，在不足一个区分段长度的树干梢头处测量并记录梢头的

长度，截取圆盘。将所有圆盘按顺序编号，从 0 开始，刨光后带回实验室。在工作面上以髓心为中心分别画出东西、南北两条直径线，然后以 1 年为龄阶查数圆盘上的年轮数，做好直径记录。

6.1.3 凋落物调查

在每个标准样地沿对角线分别在上、中、下 3 个位置布设 3 个 1m×1m 的小样方，将小样方划分为 4 块，收集样方对角两块的凋落物并称取重量，然后混合取样 300g，样品在烘箱内 65℃恒温下烘干至恒重后，称取干重。

6.1.4 土壤样品采集与测定

在样地内沿对角线的 3 个采样点用 $100cm^3$ 的环刀分层(0~10cm、10~30cm 和 30~50cm)取样，作为土壤物理性质测试样品；每个采样点还需分层采集土壤样品 500~1000g，混匀风干后磨细过筛，将过筛后的土样密封贮放，作为土壤含碳量测试样品，共 39 份。土壤样品采用重铬酸钾-硫酸氧化法测定其有机碳含量，做 3 次重复。

6.1.5 林分碳储量的计算

6.1.5.1 乔木层碳储量

采用张乃暄等(2022)已经建立的生物量方程来计算乔木层地上生物量，然后按照国际惯例，生物量的 50%即为乔木层地上碳储量，乔木层地上与地下碳储量之和为地上碳储量的 1.39 倍。云杉地上生物量方程如下：

活立木地上生物量为：

$$W_1 = 0.0824 \times D^{2.3941}$$

式中：W_1 为活立木地上生物量，D 为胸径。

枯死木地上生物量为：

$$W_2 = 0.0994 \times D^{2.1537} + 0.0058 \times D^{2.7179}$$

式中：W_2 为枯死木地上生物量，D 为胸径。

6.1.5.2 单木固碳速率

由各林分标准木的树干解析数据得到其各年龄的胸径总生长量，将各年龄的胸径带入云杉生物量模型，得到各年龄标准木的生物碳储量，由标准木相邻两年的生物碳储量之差得到当年的固碳速率：

$$P_t = W_t - W_{t-1}$$

式中：P_t 为林分标准木的 t 年的生物碳储量，W_t 为标准木 t 年的单株生物碳储量。

6.1.5.3　云杉林固碳速率

由林分标准木的固碳速率乘以林分密度得到林分固碳速率：

$$P_{ft} = NP_t$$

式中：P_{ft} 为 t 年的林分固碳速率，P_t 为林分标准木的固碳速率，N 为林分密度。

6.1.5.4　凋落物层碳储量

由凋落物的干鲜质量之比换算出凋落物的生物量，然后由生物量乘 50%得到凋落物的碳储量。

6.1.5.5　土壤层碳密度

$$S_i = C_i \times D_i \times E_i \times 0.1$$

式中：S_i 为第 i 层单位面积土壤碳密度(t/hm^2)，C_i 为第 i 层土壤有机碳含量(g/kg)，D_i 为第 i 层土壤容重(g/cm^3)，E_i 为第 i 层土层厚度(cm)。

6.1.5.6　生态系统碳储量

$$Y_e = Y_t + Y_l + Y_s$$

式中：Y_e 为生态系统单位面积碳储量，Y_t 为乔木层单位面积碳储量，Y_l 为凋落物层单位面积碳储量，Y_s 为土壤层单位面积碳储量。

6.1.6　气象数据及 SPEI 值的获取

从塞罕坝机械林场获取 1976—2018 年温度和降水量数据。从西班牙比利牛斯生态研究所 SPEI 的数据共享网站(http://SPEI.csic.es/index.html)获取 SPEI 数据，本研究采用 1975—2015 年 12 个月尺度的 SPEI 数据(SPEI 为干旱指数)。对云杉单木和林分的固碳速率与各月气象因子及 SPEI 值做相关分析，研究固碳速率与各月气象因子的关系。为了减少林木年龄对生长的影响，采用云杉 30 年以后的固碳速率做相关分析。

6.2 云杉林生物碳储量

6.2.1 不同密度云杉人工林生物碳储量的比较

如图 6-1 所示，46 年不同密度云杉人工林活立木碳储量介于 89.79～119.28t/hm^2 之间，但是，活立木碳储量与林分密度的相关关系趋近于水平的一条直线，说明云杉碳储量与林分密度没有明显的相关关系($p>0.05$)，即随林分密度增加，云杉林的碳储量趋向于一个恒值。这表明，云杉林的当前密度对生物碳储量没有明显影响，该结果也符合最终产量一致原理。因为这些云杉林的立地条件相同，在没有人为干扰的条件下，不同密度云杉林充分发育，对林地资源利用充分，导致不同密度云杉林的生物碳储量区域稳定。

各林分枯立木的碳储量介于 1.07～2.83t/hm^2 之间，总碳储量介于 91.35～122.12t/hm^2 之间。但是，与活立木不同，枯立木的碳储量与林分密度呈正相关关系($p>0.05$)，即随林分密度的增加，枯立木碳储量呈逐渐增加的趋势。

不同密度云杉林活立木与枯死木的总碳储量如图 6-2 所示。可以看出，高、中、低三种密度云杉林之间的总碳储量没有明显差异。

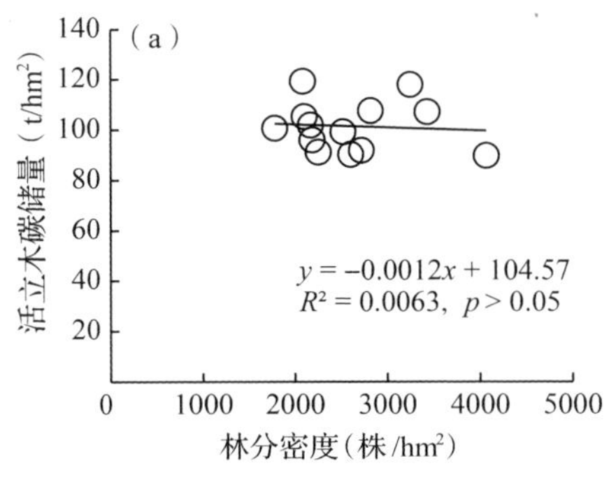

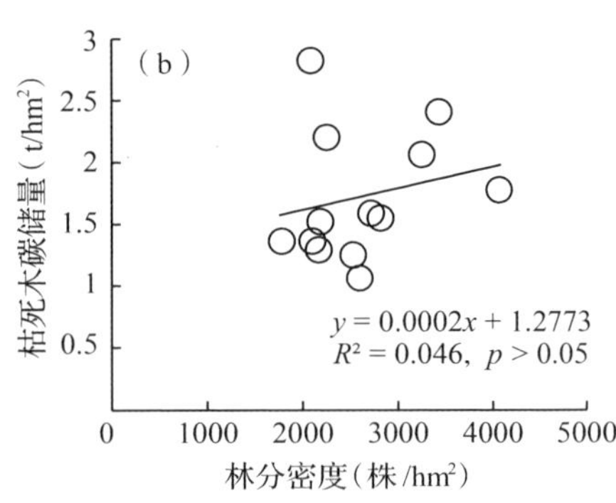

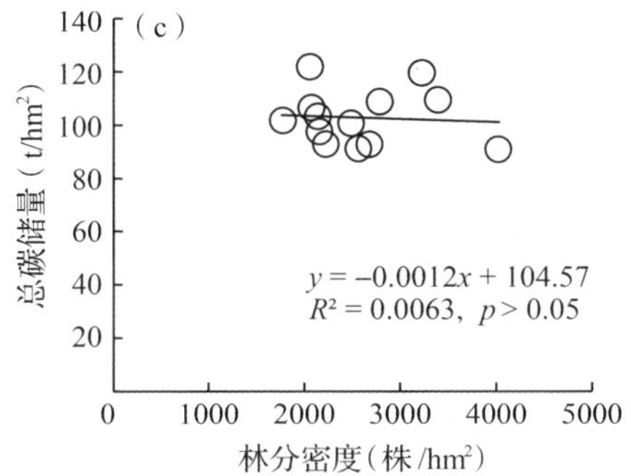

图 6-1　云杉人工林碳贮量与林分密度的关系

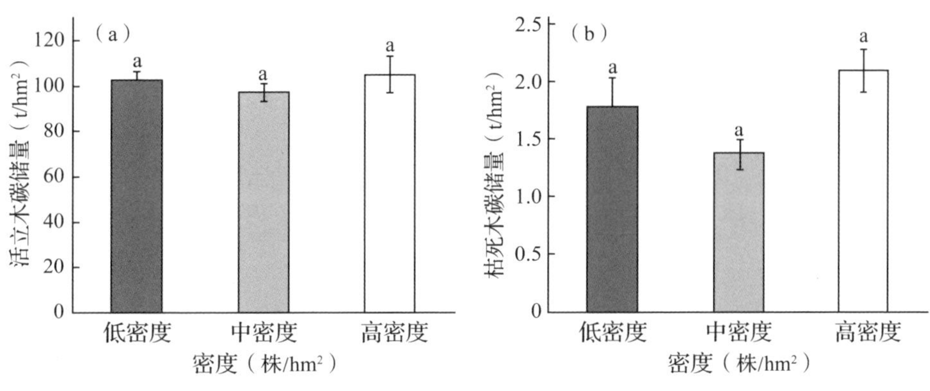

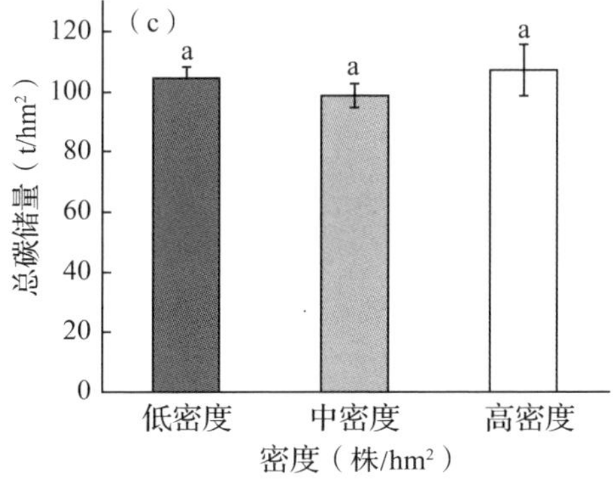

图 6-2　不同林分密度云杉人工林生物碳贮量

6.2.2 不同密度云杉人工林生物碳储量的分配

由图6-3可以看出，云杉人工林生物碳储量在不同径级中的分配与林分密度密切相关。低密度云杉林，生物碳储量主要集中在18cm径级，其所占比例为19.32%，18cm以上径级林木碳储量所占比例为48.44%。中密度云杉林，生物碳储量主要集中在16cm径级，所占比例为21.40%，18cm以上径级所占比例为26.88%。高密度云杉林，生物碳储量主要集中在14~16cm径级，所占比例为20.27%~20.30%，18cm以上径级林木碳储量只占20.39%。上述结果表明，随着林分密度的升高，生物碳储量分布由较大径级向较小径级进行转移。

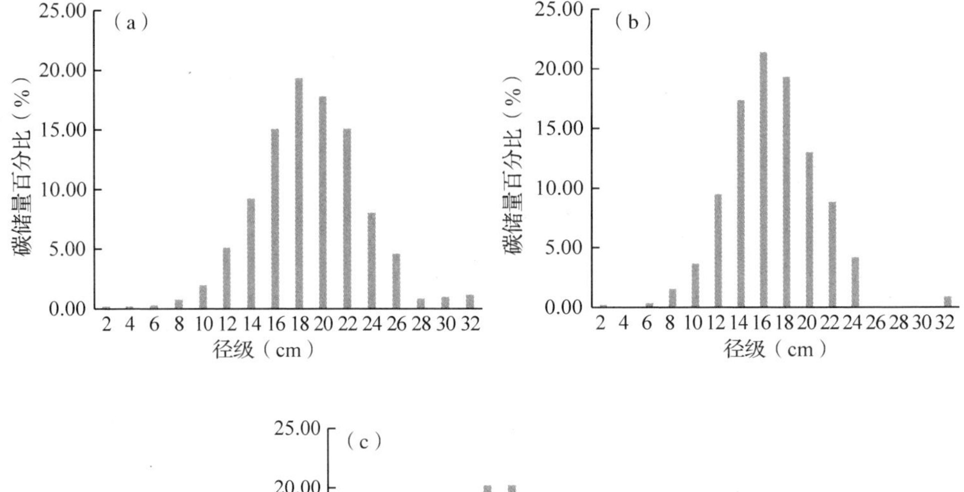

图6-3 不同密度云杉人工林林分碳储量在径级中分布

注：(a)为低密度；(b)为中密度；(c)为高密度。

6.2.3　云杉人工林的生物碳储量随年龄的变化

6.2.3.1　云杉人工林林分密度随年龄的变化

基于林分枯死木死亡年龄的分析，确定了不同密度云杉人工林林分密度随年龄的变化过程，即云杉人工林的自然稀疏过程。从图6-4可以看出，不同初始密度云杉林林分密度随年龄的变化趋势相近，均是在初期林分密度维持稳定，在20年时林分密度开始下降，到接近于40年时又趋于稳定。高密度林分在21年时林分密度开始下降，到46年时，趋于稳定，林分密度由初始时期的4428株/hm^{2}下降至3583株/hm^2；中密度和低密度林分在年龄为20年时密度开始下降，分别于43年和45年时趋于稳定，密度分别由3104株/hm^{2}和2589株/hm^{2}下降为2663株/hm^{2}和2094株/hm^2。以上结果说明，尽管云杉林的初始密度差别较大，但出现自然稀疏的年龄相近。其原因在于，云杉为耐阴树种，但耐阴能力随年龄增加逐渐下降，如果光照条件长期不能得到改善，被压木将趋于死亡。各林分枯死木大量出现的时间均在20年左右，可知云杉对遮阴环境的耐受时间约为20年。有研究表明，蒙古栎等喜光树种在遮阴环境中的耐受时间为5~7年，这说明云杉比蒙古栎等树种具有更强的耐阴能力。由于云杉耐阴的时间约为20年，因此在不同的密度下均是在20年左右开始出现枯死木。

同时，从图6-4还可以看出，云杉人工林的密度随年龄的增长并不是呈连续的下降趋势，而是呈阶段式下降。这种密度变化趋势也与云杉的耐阴性有关。因为云杉的耐阴性较强，在出现遮阴环境时，云杉并不会马上死亡，需要积累到一定程度，云杉才会死亡，使得密度下降出现阶段性，并且林分自然稀疏的最终结果应该趋向于相同的林分密度。本研究中目前的林分密度还有较大差别，说明之后还会有林分自然稀疏的过程。有研究表明，红松人工林林分郁闭后，每隔10~15年就会进行一次林木自然死亡高峰，然后调整到最适的林分密度进入暂时性的稳定阶段，而后由于林木生长对林分资源的竞争，再一次进入自然稀疏阶段。

尽管不同密度的林分，密度下降的时间相近，自然稀疏过程林木死亡株数有明显不同。枯死木的数量与林分初始密度呈正相关关系，即随着林分密度的升高，枯死木数量逐渐增多，密度为5067株/hm^{2}云杉林的枯死

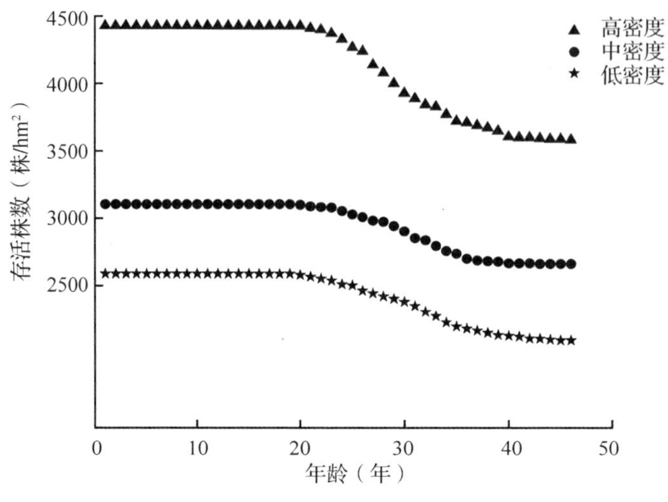

图 6-4　云杉人工林密度随年龄的变化

木数量最多，为 950 株/hm^2，初始密度为 2967 株/hm^2 和 2467 株/hm^2 云杉林的枯死木数量为 367 株/hm^2。这是因为林分密度越大，林木间的竞争越激烈，生长劣势的林木相对会较多，从而枯死的林木也会较多。

由图 6-6 中可以看出，高密度林分的枯死木数量显著高于其他两种密度林分($p<0.05$)，中密度林分枯死木数量和低密度林分之间的差异不显著($p>0.05$)。

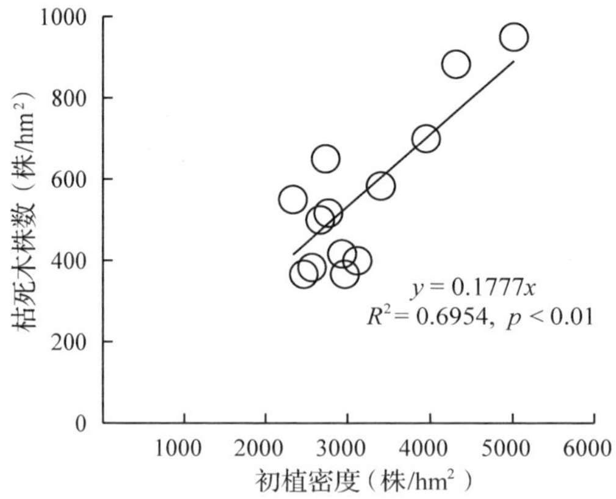

图 6-5　云杉人工林枯死木株数与林分初始密度的关系

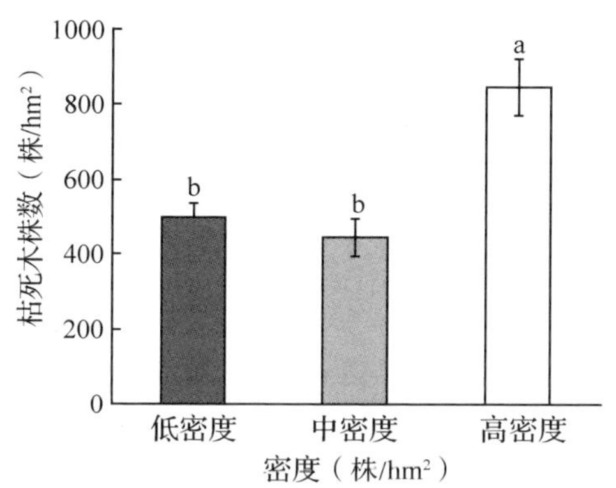

图 6-6 云杉人工林不同林分初始密度枯死木株数

6.2.3.2 云杉人工林单木生物碳储量随年龄的变化

由云杉人工林单木的生长过程得到云杉人工林单木生物碳储量随年龄变化的规律。由图 6-7 可以看出，不同密度云杉林的单木生物碳储量随年龄变化的趋势相同。在 15 年之前，云杉林的生物碳储量呈缓慢增加的趋势，15 年之后，生物碳储量急剧增加。

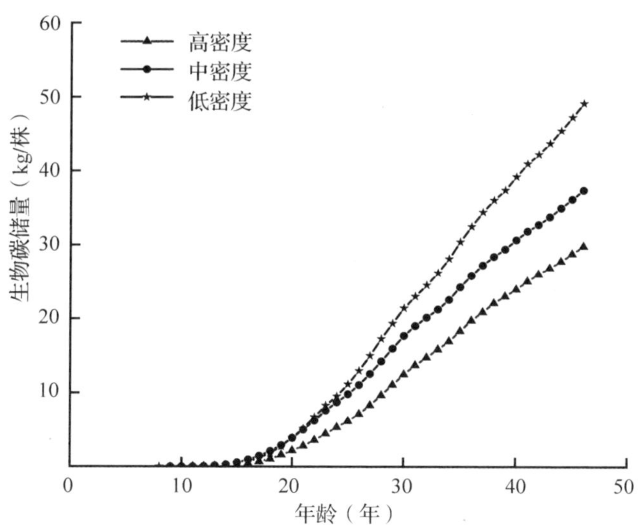

图 6-7 云杉人工林单木生物碳储量随年龄的变化

同时，从图 6-7 还可以看出，不同林分密度之间的差异较大，高密度与中密度和低密度林分之间的差异从 15 年之后开始增大，而中密度与低密度林分之间从22年之后差异逐渐增大。20年时，高密度、中密度和低密度林分的单木生物碳储量分别为2.16kg/株、3.88kg/株和3.92kg/株，低密度分别为中密度和高密度的1.01倍和1.81倍；30年时，单木碳储量分别为12.50kg/株、17.73kg/株和21.45kg/株，低密度分别为中密度和高密度的1.21倍和1.72倍；46年时，高密度、中密度和低密度单木生物碳储量分别为29.85kg/株、37.44kg/株和49.22kg/株，低密度分别为中密度和高密度的1.31倍和1.65倍。

6.2.3.3 云杉人工林林分生物碳储量随年龄的变化

由云杉人工林的密度变化及林木的生长过程得到云杉人工林生物碳储量随年龄变化的规律。由图6-8可以看出，不同密度云杉林的生物碳储量随年龄变化的趋势相同。在15年之前，云杉林的生物碳储量呈缓慢增加的趋势，15年之后，生物碳储量急剧增加。

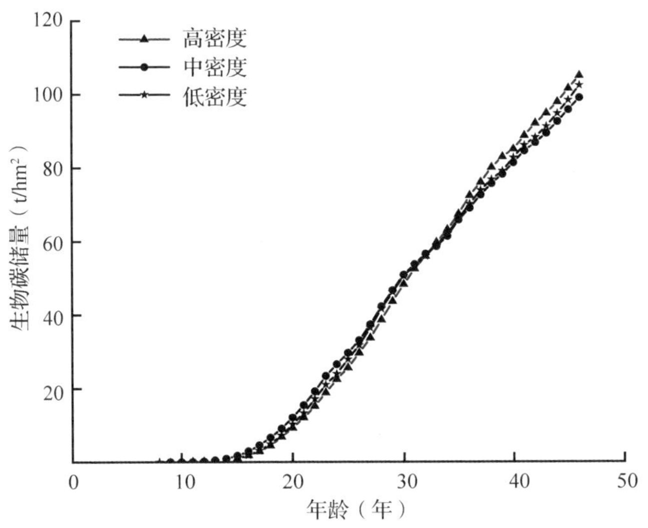

图6-8 云杉人工林林分生物碳储量随年龄的变化

20年时，高密度、中密度和低密度林分生物碳储量分别为9.25t/hm^2、12.11t/hm^2和10.22t/hm^2；30年时，生物碳储量分别为48.26t/hm^2、50.92t/hm^2和50.56t/hm^2；46年时，生物碳储量分别为104.94t/hm^2、99.00t/hm^2和102.36t/hm^2。

以上结果说明，在各个年龄阶段，云杉林的林分密度差别很大，但其生物碳储量没有明显差异，该结果同样也符合最终产量一致的原理。其原因在于，本研究中的云杉人工林在生长过程中均未进行过抚育间伐，各林分充分发育，充分郁闭，对林地资源的利用较为充分，因此尽管密度差异很大，但其生物量非常接近。

6.2.4 云杉人工林生物碳储量的增长模型

由表6-2可以看出，云杉人工林生物碳储量增长模型以苏玛克模型为最优，即 $y=a\times e^{-b/x^c}$，式中，x 为龄阶，a、b、c 为参数。

表6-2 不同密度云杉人工林生物碳储量增长模型

模型	林分密度	a	b	c	R^2
苏玛克模型	高密度	206.2345	748.3849	1.8299	0.9991
	中密度	160.6744	839.4928	1.9310	0.9998
	低密度	284.7232	363.8837	1.5558	0.9986
Richards模型	高密度	93.5698	33.0280	0.1350	0.9975
	中密度	84.9063	32.7037	0.1437	0.9983
	低密度	104.1691	23.9644	0.1173	0.9997
Logistic模型	高密度	63.3302	94036.7121	0.4792	0.7504
	中密度	61.9907	32323.1671	0.4464	0.7648
	低密度	63.5316	171640.0167	0.5196	0.8000

由图6-9可以看出，3种密度云杉人工林的总生物碳储量的增长曲线在15年之前几乎是重合的，之后呈现出逐渐分离的趋势，低密度云杉林仍呈现出快速增长的趋势，中密度云杉林则呈现出逐渐趋缓的趋势，高密度云杉林则处于二者之间。这意味着之后，随着年龄的增长，不同密度云杉林的生物碳储量可能会出现差异，较低密度的云杉林将具有更大的生物碳储量。

同时，由图6-9可以看出，高密度林分生物碳储量的连年生长量达到最大时，年龄为30年，连年生长量为4.24t/hm²，到46年时，平均生长量为2.28t/hm²，平均生长量曲线仍呈上升趋势，将在52年达到最大。中密度林分生物碳储量的连年生长量达到最大时年龄为27年，连年生长量为3.92t/hm²，到46年时，平均生长量为2.08t/hm²，平均生长量曲线已达到最大值。低密度林分生物碳储量的连年生长量达到最大时年龄为 33 年，连年生长量为 4. 37t/hm²，到 46 年时，平均生长量为 2. 41t/hm²，平均生长量曲线仍呈上升趋势，将在 59 年达到最大值。以上结果说明，3 种密度云杉林林分生物碳储量的连年生长量最高值差异不大，达到最大值的年龄也较为接近。这表明，密度对未经干扰的云杉人工林的固碳速率的影响较小。同时，以上结果也说明，从固碳的角度来看，云杉生物碳储量在 46~59 年之间达到数量成熟。

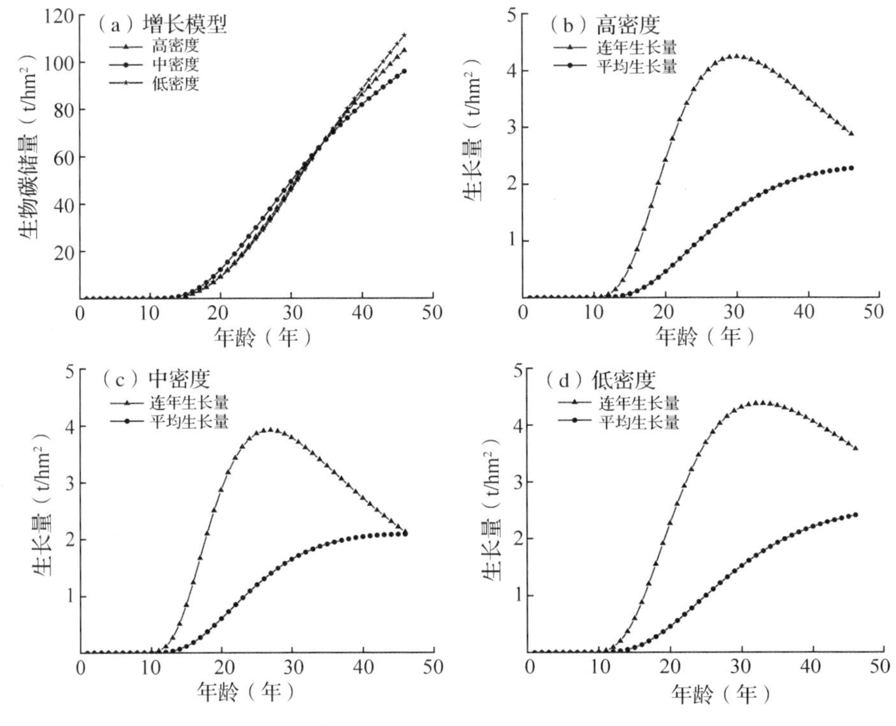

图 6-9　云杉人工林生物碳储量增长模型

6. 2. 5　云杉人工林的生物固碳速率

6. 2. 5. 1　林分密度对云杉人工林单木固碳速率的影响

由图 6-10 可知，不同密度云杉林单木固碳速率呈相似的变化趋势，均在 28 年之前呈逐渐增加的趋势，是由云杉本身的生物特性决定，之后呈波动性下降趋势，同时表现出相似的变化节律，则与气候的年际变化有关。

同时，在 18 年之前，不同密度云杉林单木固碳速率差异不大，18 年之后，不同密度之间的差异逐渐增大，表现为低密度>中密度>高密度。年龄为 23 年时，低、中、高三种密度的单木固碳速率分别为 1. 58kg/年、1. 38kg/年和 0. 87kg/年，低密度分别为中密度和高密度的 1. 15 倍和 1. 82 倍；年龄为 28 年时，则分别为 2. 27kg/年、1. 69kg/年和 1. 35kg/年，低密度分别为中密度林分和高密度的 1. 34 倍和 1. 69 倍。

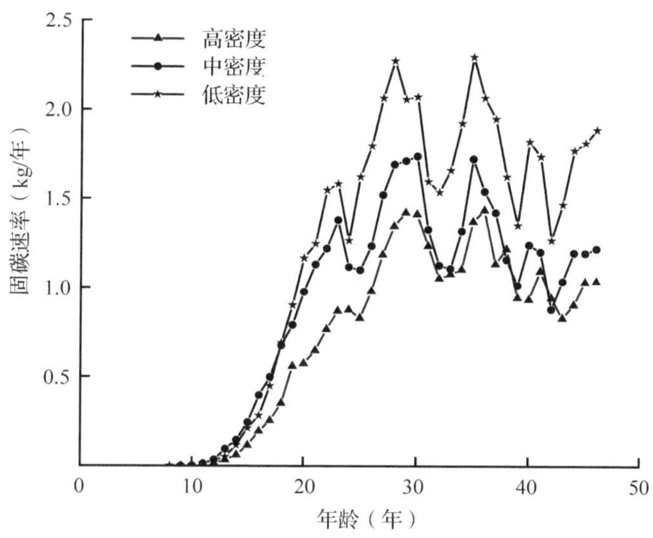

图 6-10　不同密度云杉人工林单木固碳速率

6. 2. 5. 2　云杉人工林林分固碳速率

从图 6-11 可以看出，不同密度云杉人工林林分固碳速率的变化趋势与单木相同，同样在 28~29 年之前呈逐渐增加的趋势，之后呈波动性下降的趋势，且不同密度之间呈现出相同的节律性变化。但是，与单木固碳速率不同，不同密度云杉人工林的固碳速率没有明显差异。以 21 年为例，低密度、中密度和高密度林分的固碳速率分别为 3199. 97kg/(hm^2 · 年)、3472. 74kg/(hm^2 · 年)和 2779. 50kg/(hm^2 · 年)；26 年时，低密度、中密度和高密度林分的固碳速率分别为 4358. 70kg/(hm^2 · 年)、3700. 96kg/(hm^2 · 年)和 4087. 10kg/(hm^2 · 年)；35 年时，低密度、中密度和高密度林分的固碳速率分别为 5026. 88kg/(hm^2 · 年)、4675. 61kg/(hm^2 · 年)和 5061. 41kg/(hm^2 · 年)。

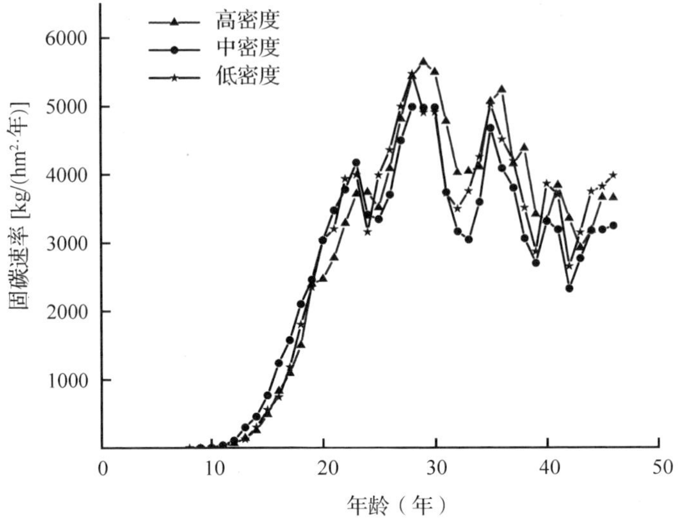

图 6-11　不同密度云杉人工林林分固碳速率

6.3　云杉人工林凋落物碳储量的比较

由图 6-12 可知，凋落物层碳储量与林分密度呈显著负相关关系($p<0.01$)，即凋落物碳储量随着林分密度的增大而逐渐减小，凋落物碳储量在 7.29~23.14t/hm^2 之间，平均碳储量为 16.51t/hm^2。同时，由图 6-13 可知，凋落物碳储量随着密度的增大而逐渐减小，高密度的总碳储量显著低于低密度($p<0.05$)，后者是前者的 1.53 倍，而低密度与中密度之间、中密度与高密度之间均无显著差异。

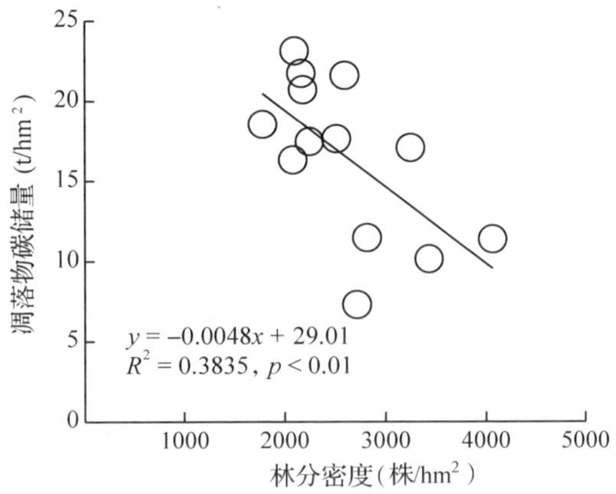

图 6-12　云杉人工林凋落物碳储量与林分密度的关系

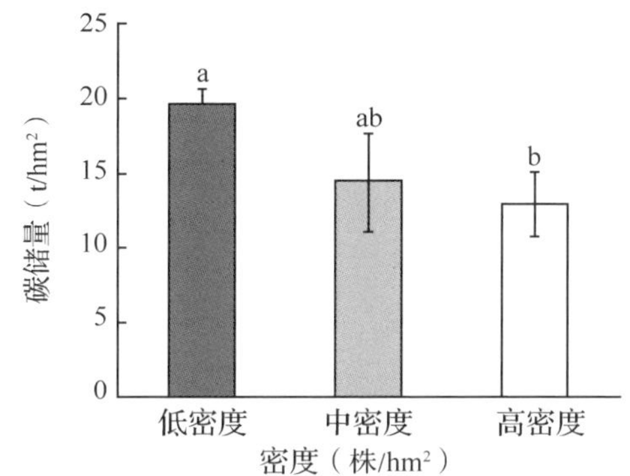

图 6-13　不同林分密度云杉人工林凋落物碳储量

6.4　云杉人工林土壤碳储量

6.4.1　不同密度云杉林土壤有机碳含量的比较

由图 6-14 中可知，在不同的土层中，不同密度云杉林土壤有机碳含量

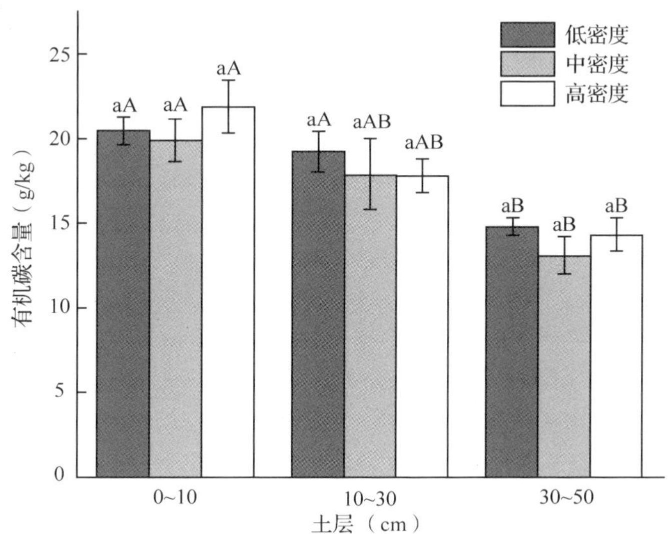

图 6-14　不同密度云杉人工林不同土层有机碳含量

注：对不同林分密度中不同土层间的碳含量进行单因素方差分析（ANOVA），小写字母代表同一土层不同密度之间的差异，大写字母代表同一密度不同土层之间的差异，字母相同表示差异不显著，字母不同则表示差异显著（$p<0.05$）。

没有明显差异($p>0.05$)。说明，云杉林的林分密度对土壤有机碳含量没有显著影响。在不同的林分密度中，土壤有机碳含量都是表层最高，且均表现为随着土层深度的增加而逐渐降低的变化趋势。在不同林分密度中，30~50cm 土层的有机碳含量均显著低于 0~10cm 土层的有机碳含量($p<0.05$)，并且在低密度中，30~50cm 土层的有机碳含量显著低于 10~30cm 土层的有机碳含量($p<0.05$)。

6.4.2 不同密度云杉林土壤有机碳密度

由表 6-3 可知，不同密度云杉林的土壤有机碳密度在各个土层上没有明显差异，低密度、中密度和高密度林分在 0~10cm 土层，土壤有机碳碳密度分别为 23.80t/hm^2、25.00t/hm^2 和 25.37t/hm^2，10~30cm 则分别为 49.17t/hm^2、47.86t/hm^2 和 46.36t/hm^2，这说明林分密度对云杉的有机碳储量没有明显影响。同时，由表 6-3 也可以看出，不同层次之间的土壤碳密度也较为接近，以低密度云杉林为例，0~10cm、10~30cm 和 30~50cm 的土壤有机碳密度分别占 0~50cm 土壤总碳密度的 20.97%、43.32% 和 35.71%，层次之间的差异低于有机碳含量的差异，这是由于不同土层的土壤容重存在差异，随着土壤深度的增加土壤容重逐渐增加，抵消了有机碳含量的差异。这说明，较深层的土壤中也有较高的有机碳储量。

表 6-3 不同密度云杉人工林在不同土层的有机碳密度 单位：t/hm^2

密度	0~10cm	10~30cm	30~50cm	0~50cm
低密度	23.80±0.82a	49.17±3.19a	40.54±1.18a	113.51±4.60a
	20.96	43.32	35.72	100
中密度	25.00±1.68a	47.86±6.22a	36.66±3.03a	109.52±2.65a
	22.83	43.70	33.48	100
高密度	25.37±0.58a	46.36±1.18a	38.75±3.49a	110.47±5.22a
	22.96	41.96	35.07	100

注：表中数据为平均值±标准差；字母不同表示同一土层不同林分密度间具有显著性差异($p<0.05$)。

6.5 云杉人工林生态系统的碳储量

由表 6-4 可知，云杉人工林生态系统碳储量主要分为 3 个部分：乔木层、凋落物层和土壤层。3 种密度云杉人工林生态系统总碳储量分别为 237.33t/hm^2、222.64t/hm^2 和 230.39t/hm^2，方差分析表明，3 种密度云杉人工林生态系统碳储量之间并无显著差异。不同密度云杉人工林生态系统碳储量的分布格局均为：土壤层>乔木层>凋落物层。乔木层碳储量在 98.62~107.04t/hm^2 之间，其碳储量占林分总碳储量的 43.89%~46.46%；凋落物层碳储量在 12.88~19.66t/hm^2 之间，且随着密度的增大而逐渐减小，其碳储量占林分总碳储量的 5.59%~8.28%；土壤层碳储量在 109.52~113.51t/hm^2 之间，其碳储量占林分总碳储量的 47.83%~49.19%。其中，土壤层和乔木层碳储量之和占森林生态系统碳储量的 91.72%~94.41%，说明碳储量主要集中在乔木层和土壤层中。凋落物层碳储量所占比例虽然相对较少，但它是土壤有机碳库的重要来源，在土壤有机碳的积累和生态系统碳循环中起着十分重要的作用。

表 6-4　不同密度云杉人工林生态系统碳储量　　单位：t/hm^2、%

密度	乔木层		凋落物层		土壤层		生态系统	
	碳储量	占比	碳储量	占比	碳储量	占比	碳储量	占比
低密度	104.16±4.06a	43.89	19.66±1.08a	8.28	113.51±4.60a	47.83	237.33±6.81a	100
中密度	98.62±4.01a	44.30	14.50±3.18ab	6.51	109.52±2.65a	49.19	222.64±4.30a	100
高密度	107.04±8.30a	46.46	12.88±2.13b	5.59	110.47±5.22a	47.95	230.39±12.74a	100

注：表中数据为平均值±标准差；字母不同表示同一层次不同林分密度间具有显著性差异（$p<0.05$）。

6.6 抚育间伐对云杉生物碳储量的影响

抚育间伐是一种常见的森林经营措施，它会通过影响林分结构而对人工林的碳汇能力产生影响。本研究以塞罕坝地区的云杉林为研究对象，研究了抚育间伐强度对云杉人工林碳储量及固碳速率的影响，为该地区云杉林的合理经营，以及碳储量和碳汇作用的评估提供科学依据。2018 年 8 月，在千层板林场和北漫甸林场选择不同抚育强度的云杉林设置面积为 20m×30m 的调查样地 11 块，其中未抚育间伐的 3 块，低强度抚育间伐的 3 块，高强度抚育间伐的 5 块，其密度分别为 2817～3250 株/hm^2、1950～2100 株/hm^2 和 1000～1317 株/hm^2。对各样地进行每木检尺，调查内容包括坐标、坡向、坡度、胸径、树高、冠幅等。胸径测量采用胸径尺，冠幅采用激光测距仪，树高采用勃鲁莱测高器进行测定。各林分概况见表 6-5。

表 6-5 各样地概况

类型	年龄	海拔(m)	坡向	坡度(°)	胸径(cm)	密度(株/hm^2)
未抚育	42	1728～1789	—	—	13. 10～14. 90	2817～3250
低强度抚育	38～42	1845	—	—	15. 94～16. 24	1950～2100
高强度抚育	41	1650～1895	东北，北	10～13	16. 80～19. 50	1000～1217

6. 6. 1 不同抚育强度云杉林单木生物碳贮量及其分配特征

为消除年龄因素对不同抚育强度生物碳储量研究结果的影响，各样地均按照树干解析表以及生物量方程计算得出 38 年云杉单木的生物量，进而获得生物碳储量来进行比较。

由表 6-6 可见，不同抚育强度下，标准木和优势木的各组分生物碳储量以及地上总生物碳储量均表现为随抚育强度的增大而增加的趋势。其中，高强度抚育林分单株标准木的地上生物碳储量分别是未抚育和低强度抚育的 2. 27 倍和 1. 68 倍，其中树干生物碳储量分别是 1. 84 倍和 1. 40 倍，枝生物碳储量分别是 3. 13 倍和 2. 13 倍，叶生物碳储量分别是 3. 93 倍和 2. 69 倍。另外，不同抚育强度下优势木的单株地上碳储量同标准木表现相同，皆为高强度抚育后的云杉林单株碳储量最大，低强度次之，未抚育的林分最低。因此，抚育间伐对云杉林单株碳储量具有明显影响，各器官生物碳储量均随抚育强度的增加而增加，同时，枝和叶生物碳储量对抚育间伐的响应更为明显。

表 6-6　不同抚育强度云杉单株生物碳储量　单位：kg

类型	优势木				标准木			
	枝	叶	干	地上	枝	叶	干	地上
未抚育	8.75b	9.42b	25.93b	44.10b	1.98b	1.72b	10.69b	14.39b
低强度抚育	5.62b	6.04b	40.98a	52.64ab	2.91b	2.51b	14.01b	19.42b
高强度抚育	12.54a	15.37a	35.01a	62.91a	6.19a	6.76a	19.69a	32.64a

注：同列数据后不同字母表示差异显著($p<0.05$)。

云杉不同器官的生物碳储量均表现为干所占比例最大，占地上总生物碳储量的 59.8%～74.3%；枝和叶生物碳储量所占比例较小，分别为 13.74%～19.08%和 11.93%～21.12%(图 6-15)。在不同抚育强度下，各器官生物碳储量的分配比例存在一定差异。枝、叶生物碳储量的百分比均随抚育强度的增大而增加，而主干生物碳储量则相反，未抚育、低强度抚育和高强度抚育云杉林主干生物碳储量百分比分别为 74.3%、71.60%和 59.8%。云杉优势木的各器官生物碳储量在未抚育和低强度抚育时为干 > 叶 > 枝；云杉标准木的各器官生物碳储量在未抚育和低强度抚育时为干 > 枝 > 叶，而高强度抚育下则表现为与优势木相同的干 > 叶 > 枝。由此可知，抚育间伐不仅会改变云杉林单株林木的生物碳储量，还会对生物碳储量的分配产生明显影响。

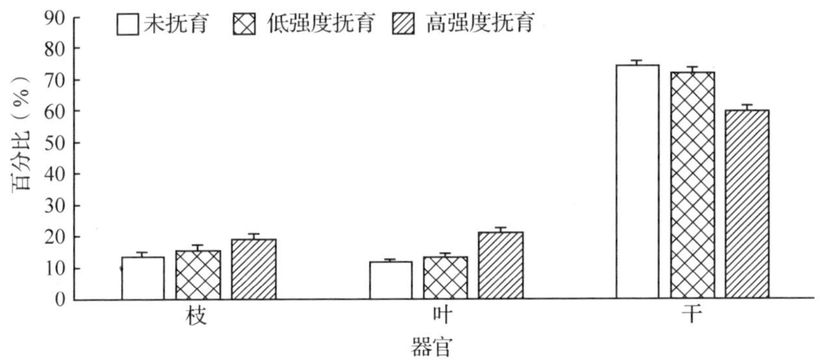

图 6-15　各器官生物碳储量占地上总生物碳储量百分比

6.6.2　不同抚育强度云杉林生物量及其碳贮量的比较

为了消除年龄差异带来的影响，不同抚育强度云杉林均取 38 年林分进行比较(表 6-7)。由表 6-7 可知，林分总生物量及各器官生物量均随抚育强度的增加而逐渐降低，其总生物量分别为 123. 98t/hm^2、108. 62t/hm^2 和 100. 77t/hm^2，高强度抚育林分总生物量分别比未抚育和低强度抚育林分低 18. 72%和 7. 23%，树干生物量低 34. 06%和 21. 61%。

但是，枝、叶生物量与总生物量的变化趋势不同，表现为：高强度抚育>未抚育>低强度抚育，其枝生物量分别为 13. 63t/hm^2、12. 09t/hm^2 和 11. 93t/hm^2，叶生物量则分别为 15. 01t/hm^2、10. 60t/hm^2 和 10. 26t/hm^2，高强度抚育枝生物量比未抚育和低强度抚育林分的分别高 12. 74% 和 14. 25%，叶生物量分别高 41. 60%和 46. 30%。

随着抚育强度的增加，林分碳储量呈现下降的趋势。如表 6-7 所示，云杉林分碳储量变化趋势为未抚育 > 低强度抚育 > 高强度抚育，其林分碳储量分别为 61. 99t/hm^2、54. 31t/hm^2 和 50. 39t/hm^2。相比于未抚育的对照组，低强度抚育的林分碳储量降低了 12. 39t/hm^2，高强度抚育的林分碳储量降低 18. 71t/hm^2。未抚育和低强度抚育林分的碳储量分别比高强度抚育林分高 23. 02%和 7. 78%。

表 6-7 不同抚育强度云杉林生物量及碳储量 单位：t/hm^2

类型	枝	叶	干	地上	根	总生物量	碳贮量
未抚育	12. 09a	10. 60a	66. 51a	89. 20a	34. 79a	123. 98a	61. 99a
低强度抚育	11. 93a	10. 26a	55. 95ab	78. 14ab	30. 48a	108. 62b	54. 31b
高强度抚育	13. 63a	15. 01a	43. 86b	72. 50b	28. 27a	100. 77b	50. 39b

注：同列数据后不同字母表示差异达到显著水平($p<0.05$)。

6. 6. 3 不同抚育强度云杉林的固碳速率的比较

云杉单株林木固碳速率，在 34 年之前呈逐渐上升的趋势，在 34 年达到最高值，之后虽有波动，总体呈逐渐下降的趋势(图 6-16)。同时，抚育对云杉单木固碳速率具有明显影响，但单木固碳速率总体表现为未抚育<低强度抚育<高强度抚育，即随着抚育强度的增加，单木固碳速率呈逐渐增加的趋势。以 34 年为例，未抚育、低强度抚育和高强度抚育的单株固碳速率分别为 1. 45kg/年、1. 80kg/年和 3. 28kg/年，抚育为未抚育的 2. 26 倍。同时可以看出，固碳速率的差异随年龄的增加而逐渐增大。在 15 年

之前，各林分都未进行抚育间伐，因此单木固碳速率没有明显差异，抚育间伐之后，其效应逐渐显现，各林分之间的差异逐渐增大。

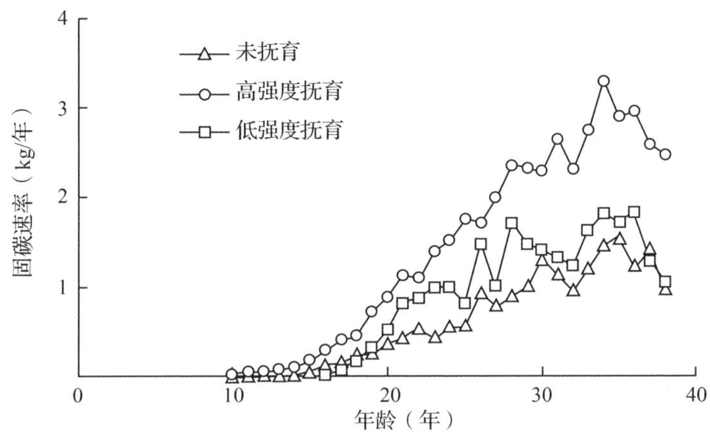

图 6-16　不同抚育强度云杉单木固碳速率

不同抚育强度云杉林林分固碳速率与单木不同，以 38 年为例，云杉林固碳速率以未抚育林分最高，为 4058.83kg/(hm^2 · 年)，其次为高强度抚育，为 3173.26kg/(hm^2 · 年)，低强度抚育为最低，为 2908.00kg/(hm^2 · 年)，但高强度抚育与低强度抚育之间没有明显差异($p>0.05$)(图 6-17)。

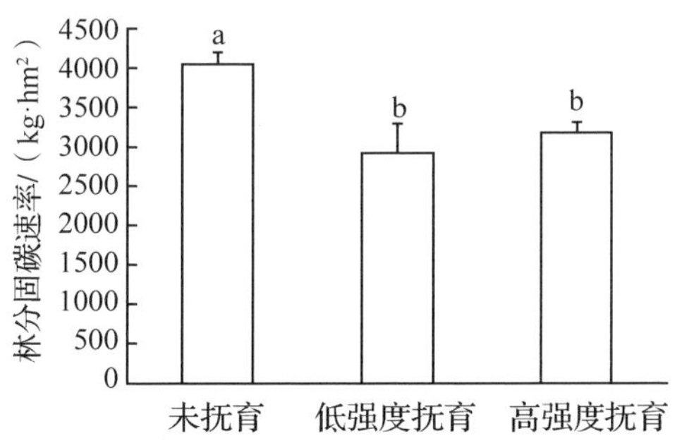

图 6-17　不同抚育强度云杉林固碳速率

6.7 小 结

不同密度云杉人工林在46年时，活立木碳储量介于89.79~119.28t/hm^{2}之间，随林分密度增加，云杉林活立木碳储量趋向于一个恒值，但其分布由较大径级向较小径级进行转移。不同密度的云杉林单木固碳速率和林分固碳速率呈相似的变化趋势；不同密度之间单木固碳速率差异较大，单木固碳速率与林分密度呈负相关关系，但不同密度云杉人工林的林分固碳速率没有明显差异。凋落物层碳储量与林分密度呈显著负相关关系，但土壤有机碳含量及碳密度在不同密度之间差异不显著($p>0.05$)。不同林分密度云杉人工林生态系统碳储量之间并无显著差异，云杉人工林生态系统碳储量的分布格局均为：土壤层>乔木层>凋落物层，土壤层和乔木层总和占森林生态系统碳储量的91.72%~94.41%，凋落物层则在5.59%~8.28%之间。

抚育间伐对云杉生物碳储量及其分配有明显影响，抚育间伐导致云杉单株生物碳储量明显增加，但林分生物碳储量减少；同时间伐导致云杉枝叶生物碳储量比例明显增加，而干生物碳储量所占比例明显下降。抚育间伐促进了云杉单株固碳速率的明显提高，同时使得林分固碳速率有所下降，高强度抚育间伐林分的固碳速率略高于低强度抚育间伐，但没有明显差异。

第7章　塞罕坝地区云杉人工林凋落物的持水作用

森林在涵养水源、保持水土、调节气候等方面的作用逐渐引起了国内外学者的关注(刘逸菲等，2021)。凋落物是森林生态系统中重要的一环，主要由森林中植物的残体组成，作为降水在林地表面最先接触到的部分，凋落物具有涵养水源和保持水土等重要功能。影响凋落物层持水特征的因素有很多：凋落物现存量、坡向、坡位和海拔等多种因素，此外凋落物本身的理化性质、分解程度等也是重要的影响因素(张愿，2015)。受水热条件影响，不同地区森林林下凋落物厚度和蓄积量存在差异(刘颖等，2009)，而凋落物的吸水量与凋落物的蓄积量密切相关(薛立等，2005)，凋落物的最大吸水量一般可以达到自身质量的2~4倍(宋轩等，2001)。而不同分解程度的凋落物，其持水能力并不相同(耿琦等，2020)。高人等(2002)认为，针叶林凋落物的持水率半分解层>未分解层，阔叶林则相反。可以看出凋落物的分解程度直接影响凋落物层的持水能力。凋落物的持水过程一般为迅速上升、缓慢上升和趋于稳定3个过程(赵鸣飞等，2016)。国内外诸多学者采用不同方法，在不同地区针对不同植被类型进行森林凋落物水源涵养功能研究。韩同吉等(2005)发现不同林分类型凋落物的蓄积量和持水能力的差异较大，认为阔叶林凋落物的持水能力大于针叶林，而时忠杰等(2009)持相反观点。可以看出因为地域不同造成的水热条件差异会间接影响凋落物持水能力。

塞罕坝机械林场位于滦河上游，发挥着重要的涵养水源作用。本研究采用室内模拟雨水浸泡法，对该地区云杉、华北落叶松、樟子松和白桦4种典型林分类型凋落物的持水特性进行定量测定，探究不同林分类型凋落物持水特征之间的差异，目的在于比较不同林分类型凋落物的持水特征，明确其保持水土生态功能。以期为林区森林可持续经营、生态管理与评价提供理论依据及技术支撑。

7.1 研究方法

7.1.1 野外凋落物的收集

在塞罕坝机械林场的4种典型林分类型分别进行取样。在4个林分内分别设立1m×1m的样方3个，分别在3个样方内进行采集全部地表凋落物，并将其装入标记好的样品袋内。

7.1.2 凋落物持水指标的测定

在实验室内，温度为80℃的条件下，将采集的样品烘干到恒重(标准为3次称量重量一致)得到干重。然后再将其装入网袋内，网袋需做好标记并称量重量，要求网孔大小合适，确保样品的重量不变，每个网袋处理措施相同。称量并记录样品与网袋重量。将处理好的凋落物和3个空网袋(作为对照组)放置于水中依照0.5h、1h、2h、3h、4h、6h、8h、10h、24h的时间间隔进行测量。

依照凋落物的吸水量来分别计算凋落物的持水率、吸水速率等指标。凋落物的持水率为凋落物的吸水量与凋落物的干重之比；凋落物的吸水速率为凋落物单位时间内的吸水量；凋落物的相对吸水率为凋落物的实际持水率与最大持水率(浸水24h后的持水率)之比。

7.1.3 凋落物失水指标的测定

将浸水一昼夜的凋落物放置于实验室通风处自然风干，分别在2h、4h、6h、8h、10h、24h时称重，之后每隔24h称重记录，测量其失水量，计算失水量、失水率及失水速率。

7.2 凋落物吸水过程和吸水量

7.2.1 不同林分类型凋落物吸水量的比较

凋落物的最大吸水量取决于凋落物的质和量，它在一定程度上反映了凋落物对降水的截持能力，凋落物最大吸水量越大，持水能力也就越强。图7-1可以看出，4种林分类型凋落物的吸水量从大到小依次为：白桦(3169. 34g/kg)>华北落叶松(2599. 46g/kg)>樟子松(1533. 15g/kg)>云杉叶(1454. 87g/kg)>云杉枝(1439. 05g/kg)。

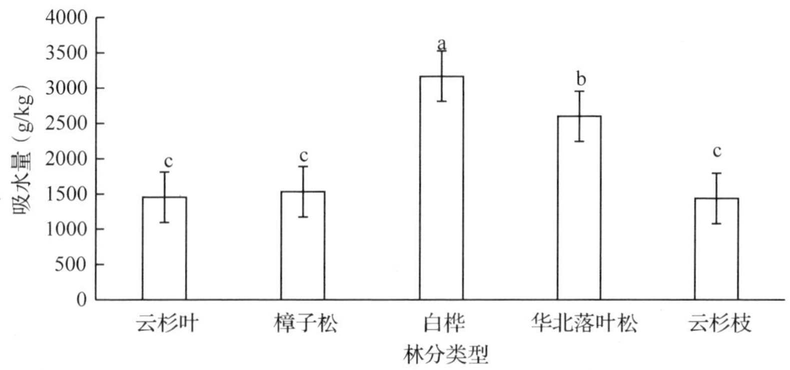

图7-1　不同林分类型单位质量凋落物最大吸水量

7. 2. 2　不同林分类型凋落物持水率的比较

持水率为凋落物吸收水分的重量和凋落物干重的比值，它能用来反映凋落物的持水能力，持水率与凋落物的持水能力呈正相关关系(薛立等，2005)。随着浸泡时间的延长，各林分类型凋落物的吸水率变化趋势基本一致。即最初吸水率增长迅速，随着浸泡时间的延长，增长逐渐缓慢，最终趋于稳定。5种凋落物在浸泡8h以后持水率都趋于稳定。凋落物持水率随浸泡时间的变化过程可用对数方程来进行拟合，决定系数都超过0. 89(表7-1)。

表7-1　不同林分类型凋落物持水率

林分类型	方程	R^2
云杉叶	$y=0.2022\ln x+0.7971$	0. 9871
樟子松	$y=0.1747\ln x+0.9638$	0. 9964
白桦	$y=0.2232\ln x+2.5157$	0. 9479
华北落叶松	$y=0.2735\ln x+1.8381$	0. 8939
云杉枝	$y=0.1958\ln x+0.8271$	0. 9948

不同林分类型凋落物持水率的变化趋势基本一致，但持水率的大小有所差异。在各个浸泡时间段，凋落物持水率都表现为白桦>华北落叶松>樟子松>云杉(包括枝和叶)的趋势。通过图7-2比较最大持水率，可以得出凋落物最大持水率：白桦(316.93%)>华北落叶松(259.95%)>樟子松(153.31%)>云杉叶(145.49%)>云杉枝(143.90%)。从以上结果可以看出，白桦凋落物的持水率明显高于华北落叶松等3种针叶树，而针叶树中，华北落叶松又高于云杉和樟子松。

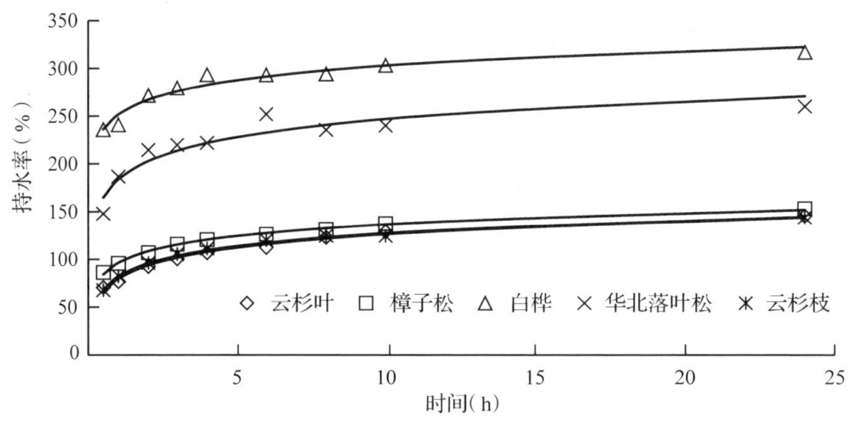

图 7-2 不同林分类型凋落物持水率

7.2.3 不同林分类型凋落物吸水速率的比较

凋落物吸水速率是反映凋落物持水能力的一个重要指标，凋落物的理化性质、含水量和分解程度是影响凋落物吸水速率的因素。浸泡时间在0.5~4.0h时，4种林分类型凋落物的吸水速率随着浸泡时间的增加而急剧下降，之后再缓慢下降，最后趋于稳定。由表7-2可以看出，凋落物的吸水速率与浸泡时间进行拟合，可以发现幂方程拟合的效果最好。用幂方程得出的凋落物吸水速率与浸泡时间之间的相关系数均达到了0.99以上。

表 7-2 不同林分类型凋落物吸水速率

林分类型	方程	R^2
云杉叶	$y=799.86x-0.802$	0.9994
樟子松	$y=965.03x-0.849$	0.9999

（续）

林分类型	方程	R^2
白桦	$y = 2511.8x - 0.918$	0.9995
华北落叶松	$y = 1818.1x - 0.865$	0.9960
云杉枝	$y = 822.72x - 0.807$	0.9984

从图 7-3 可以看出，各林分吸水速率在不同时间段内的变化趋势相似，即 4 种典型林分类型凋落物的持水速率在前 4h 前急剧下降，浸泡 4~6h 下降速度逐渐减缓，6~24h 持水速率逐步趋于平衡。在浸水初期凋落物的吸水速率是最大的。从最大吸水速率的比较来看，白桦凋落物最大为 4715.81g/(kg·h)，然后依次为华北落叶松和樟子松，分别为 2958.64g/(kg·h) 和 1724.28g/(kg·h)，最后为云杉。云杉的叶和枝没有明显差别，云杉叶的最大持水率略大于云杉枝，云杉叶为 1410.06g/(kg·h)，云杉枝为 1353.74g/(kg·h)。从以上结果可以看出尽管都为针叶林，华北落叶松和樟子松、云杉差别较大，但樟子松和云杉差别不大，樟子松略大于云杉。白桦凋落物的吸水速率明显高于华北落叶松等 3 种针叶树，二者的差异反映出针叶树和阔叶树凋落物在理化性质上存在不同。

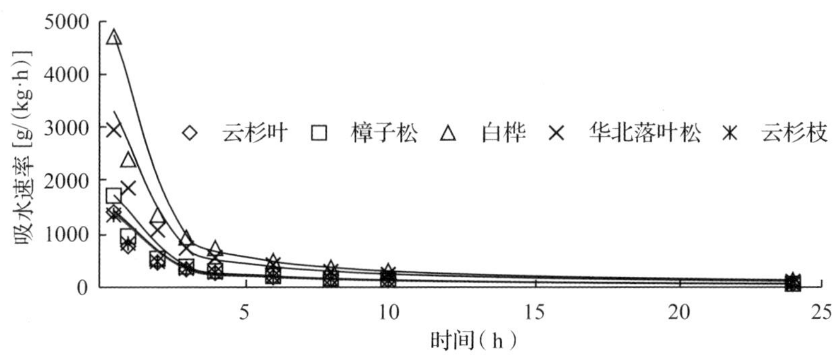

图 7-3　不同林分类型凋落物吸水速率

凋落物的吸水速率还可以用相对吸水率来表示。从图 7-4 可以看出，白桦和华北落叶松凋落物吸水最快，在浸泡 2.0h 时相对吸水率分别达到 85.67%和 82.39%，但白桦凋落物在 0.5h 时就达到 74.40%，而华北落叶松凋落物在 1.0h 时才 71.74%。樟子松在 4.0h 时达到 78.81%，云杉枝相对滞后，在 6.0h 时相对吸水率达到 83.22%，云杉叶最慢，在 8.0h 时才达

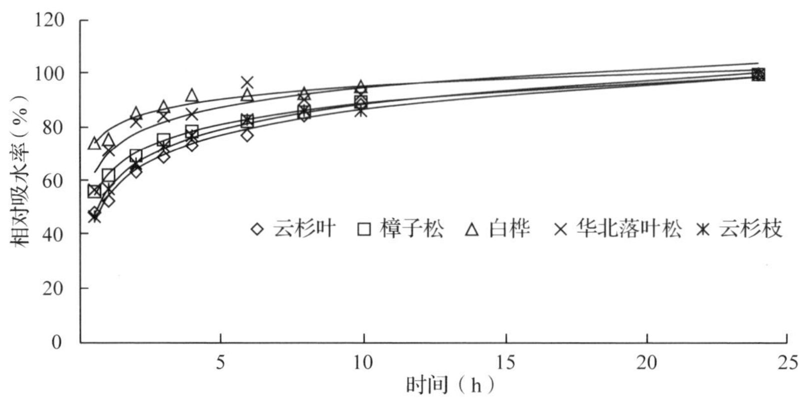

图 7-4 不同林分类型凋落物相对吸水率

到 84.62%。

凋落物持水特征受林分类型、凋落物自身组织结构及分解程度影响(刘蔚漪等，2017)，凋落物最大持水率、量的多少则反映了其浸水 24h 的持水能力大小。4 种林分类型凋落物经过一定时间的浸泡后，其最大持水量、最大持水率和最大吸水速率均表现为白桦>华北落叶松>樟子松>云杉(包括枝和叶)。随着浸泡时间的延长，凋落物持水率与浸水时间之间对数函数的拟合效果最好，而凋落物吸水速率与浸水时间之间幂函数的拟合效果最好，且 4 种林分类型凋落物的变化趋势相同。

本研究表明，阔叶林凋落物最大持水率显著高于针叶林，这可能与针叶林凋落物自身的理化性质有关，针叶林凋落物本身含有不亲水性油脂，与水不亲和且具有较发达的角质层，可以降低其最大持水率，从而导致两者存在着较大差异(刘小娥等，2020)。同样，凋落物的吸水量由持水率和累积量共同影响，该结果与赵晓春等(2011)、贾剑波等(2015)的研究结果相同。

7.3 凋落物失水过程

7.3.1 不同林分类型凋落物失水量的比较

凋落物失水量也是衡量持水性能指标之一(宫渊波等，2007)。如图 7-

5 所示，凋落物各时刻失水量与风干时间成正比，凋落物失水量均随时间的增加而增多。4 种林分类型在 0~4h 内差别不大，4h 后逐渐呈现为白桦的失水量最大，云杉叶最小，其余 3 种位于两者之间且差异较小。在失水 96h 时，白桦、云杉枝和樟子松凋落物的失水量增加趋势变缓并逐渐趋于稳定。华北落叶松凋落物的失水量则在 120h 趋于稳定。而云杉叶在 216h 时失水量增加趋势变缓并逐渐趋于稳定。

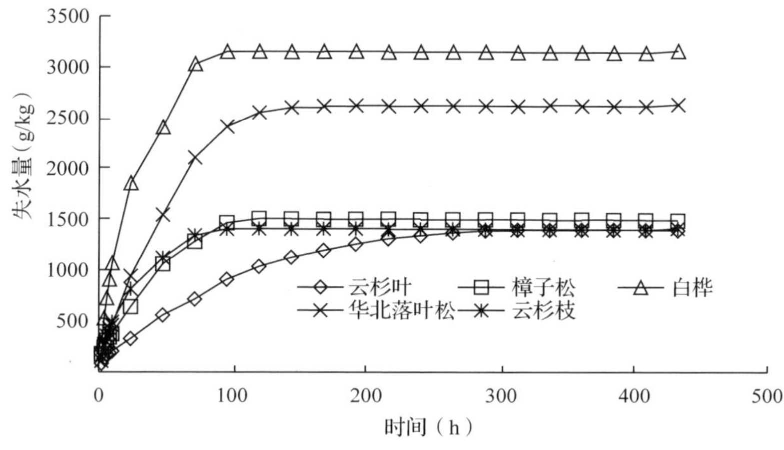

图 7-5　不同林分类型凋落物失水量

7.3.2　不同林分类型凋落物失水率的比较

由图 7-6 可以看出，除云杉叶外，其余 4 种林分类型凋落物的失水率随时间的变化趋势较为一致。在整个风干过程中，凋落物的失水率随时间均呈现急剧上升、上升缓慢和趋于稳定的变化趋势。在失水 96h 阶段，白桦和云杉枝凋落物的失水率增加趋势变缓，并逐渐趋于稳定。樟子松和华北落叶松凋落物的失水率则在 120h 趋于稳定。而云杉叶在 312h 时失水率增加趋势变缓，并逐渐趋于稳定。

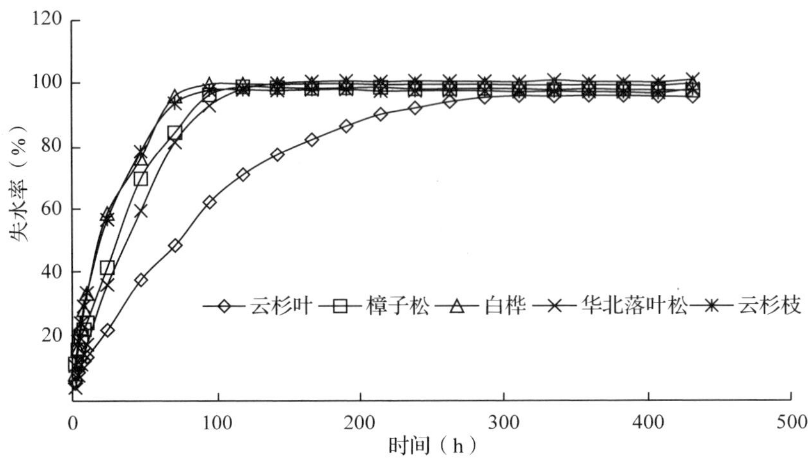

图 7-6　不同林分类型凋落物失水率

7.3.3　不同林分类型凋落物失水速率的比较

从图 7-7 可以看出，各林分失水速率在不同时间段内的变化趋势基本相似，即 4 种典型林分凋落物失水速率在前 24h 出现急剧下降，在 24~240h 下降速度减缓，随时间延长失水速率迅速降低，240~432h 失水速率逐步趋于平衡，在浸水初期凋落物的失水速率是非常大的。

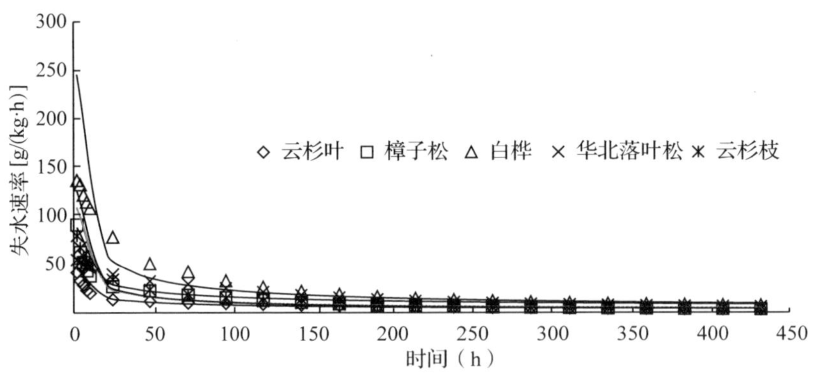

图 7-7　不同林分类型凋落物失水速率

从最大失水速率的比较来看，白桦凋落物最大为 136. 54g/(kg · h)，然后依次为樟子松和云杉枝，分别为 90. 84g/(kg · h) 和 79. 58g/(kg · h)，最后为华北落叶松和云杉叶。华北落叶松的最大失水率略大于云杉叶，华北落叶松为 54.73g/(kg·h)，云杉叶为 41.49g/(kg·h)。从以上结果可以看出，尽管都为针叶林，云杉和樟子松差别较大，但云杉叶和华北落叶松差别不大。同时还可以看到，白桦凋落物的失水速率明显高于樟子松等 3 种针叶树，二者的差异反映出针叶树和阔叶树凋落物在理化性质存在不同。

凋落物失水量与吸水量呈正相关，失水量受凋落物自身组织结构及分解程度等因素影响(周丽丽等，2012)。本研究表明，阔叶林凋落物最大持水率显著高于针叶林。4 种林分类型凋落物经过一定时间的风干后，其最大失水量表现为白桦>华北落叶松>樟子松>云杉(包括枝和叶)，最大失水率表现为华北落叶松>白桦>樟子松>云杉(包括枝和叶)，最大失水速率表现为白桦>樟子松>云杉枝>华北落叶松>云杉叶。随着风干时间的延长，凋落物失水速率与浸水时间之间幂函数的拟合效果最好，且 4 种林分类型凋落物的变化趋势相同。

7.4　小　结

本研究采用野外调查及室内实验相结合的方法，对塞罕坝机械林场 4 种典型林分类型凋落物的持水能力进行了比较。4 种林分类型凋落物的最大吸水量、最大持水率和最大吸水速率均表现为白桦>华北落叶松>樟子松>云杉(包括枝和叶)。4 种林分类型凋落物的最大失水量表现为白桦>华北落叶松>樟子松>云杉(包括枝和叶)，最大失水率表现为华北落叶松>白桦>樟子松>云杉(包括枝和叶)，最大失水速率表现为白桦>樟子松>云杉枝>华北落叶松>云杉叶。4 种林分类型凋落物的吸水量、持水率与浸水时间之间的关系以对数函数的拟合效果最好，吸水速率和失水速率与浸水时间之间以幂函数的拟合效果最好。总体上，云杉凋落物的吸水量、持水率低于其他树种。

第8章 塞罕坝地区云杉人工林的物种多样性

森林是陆地生态系统的主体，其在维持地球生态平衡和发展的过程中起着不可或缺的作用(李俊清等，2010)。林下植被是森林的重要组成部分，其在维持森林的生态系统结构和功能稳定性、土壤立地条件等方面也起到了重要作用。因而森林生物多样性包括林下植被的生物多样性问题被国内外学者所研究(赵良平，2007；李俊生等，2012；Wilson et al.，2005)。刘玉宝(2005)、林开敏等(2000)研究发现，较高的林下植被多样性能够促进人工林地力的恢复。因此积极探索研究人工林林下植被多样性，有助于人们了解森林生态系统的健康状况，为生产经营以及更好地保护森林生态系统的稳定性提供依据。塞罕坝机械林场目前有林地面积为120万亩，在防风固沙、保护土壤、涵养水源等方面已经发挥出了巨大的生态效益。然而其90%以上的森林为人工林，云杉是塞罕坝机械林场人工林三大树种之一，因此对云杉人工林林下植物多样性的研究十分必要。本章主要以云杉纯林和云杉混交林为研究对象，对其林下植被的物种组成、多样性等指标进行分析研究，以便更好地了解塞罕坝机械林场不同云杉人工林植被生物多样性现状，为云杉人工林的森林经营、物种多样性保护以及其生态系统的健康发展提供科学依据。

8.1 研究方法

8.1.1 样地设置

在塞罕坝机械林场中选择地形和土壤条件基本相同的，处在不同发育阶段(幼龄林、中龄林和近熟林)的云杉人工纯林和混交林，样地设置面积为50m×50m，样地基本情况见表8-1。

表 8-1　不同发育阶段云杉林分基本概况

发育阶段	林龄(年)	坡度(°)	坡位	平均树高(m)	平均胸径(cm)	郁闭度
幼龄林	15	7	中下坡	4.3	7.9	0.6
中龄林	32	8	中下坡	10.6	17.4	0.8
近熟林	45	8	中下坡	14.8	27.3	0.8

8.1.2　调查方法

将样地划分为 5m×5m 的基本单元，编号。然后记录每个基本单元格内的乔木和灌木种类、株数、胸径、高度、冠幅和地径。再在每个基本单元格内设置 1m×1m 的样方，记录样方内的草本植物的种类、数量、高度和盖度。

8.1.3　数据分析

灌木层重要值计算公式：

$$Iv=RC+RF+RD$$

式中：Iv 为重要值；RC 为相对胸高断面积(%)；RF 为相对频度(%)；RD 为相对密度(%)。对胸径≥1cm 的乔木和灌木进行重要值评价。

草本层重要值计算公式：

$$Iv=RG+RF+RD$$

式中：Iv 为重要值；RG 为相对盖度，RF 为相对频度，RD 为相对密度。

多样性和均匀度指数计算如下：

$$\text{辛普森指数 } D = 1 - \sum P_i^2$$

$$\text{香农－维纳指数 } H' = -\sum P_i \ln P_i$$

$$\text{皮洛均匀度指数 } 1 J_{sw} = -\sum P_i \ln P_i / \ln S$$

$$\text{皮洛均匀度指数 } 2 J_{si} = (1 - \sum P_i^2)/(1 - 1/S)$$

式中：P_i 为物种 i 的个体数占样地内总个体数的比例，S 为物种种类总数。

8.2 云杉人工林下的物种组成

从表8-2可以看出，中龄林的丰富度明显高于幼龄林和近熟林，中龄林有53种植物，分别属于25科36属。而幼龄林和近熟林的丰富度差别不大，幼龄林有35种植物，近熟林有28种植物。就不同层次来看，3个不同发育阶段的云杉人工林灌木层的丰富度差别不大，这主要是因为云杉林造林时为人工纯林，只有几株造林迹地上遗留的或萌生的华北落叶松和白桦。丰富度差别较大的是草本层，云杉中龄林的草本层最丰富，有47种植物，而幼龄林和近熟林的草本层分别有31种和24种。

表8-2 不同发育阶段云杉人工林林下植被组成

层次	幼龄林			中龄林			近熟林		
	科数	属数	种数	科数	属数	种数	科数	属数	种数
灌木	2	3	4	3	5	6	2	3	4
草本	20	28	31	22	31	47	15	18	24
合计	22	31	35	25	36	53	17	21	28

8.3 云杉人工林下植被物种的重要值

8.3.1 灌木层植被重要值

由于塞罕坝特殊的气候条件，适于坝上生长的灌木和乔木较少，因而本试验在调查时将乔木和灌木一起调查，都统计到灌木层。由表8-3可以看出，不同发育阶段的云杉人工林灌木层植物之间的重要值差别不大，优势地位最明显的均为华北落叶松，其次是白桦。

表8-3 不同发育阶段云杉人工林灌木层植物重要值

序号	植物名称	幼龄林		中龄林		近熟林	
		重要值	次序	重要值	次序	重要值	次序
1	华北落叶松 *Larix principis-rupprechtii*	146.24	1	174.46	1	162.55	1
2	白桦 *Betula platyphylla*	92.38	2	55.37	2	61.41	2

（续）

序号	植物名称	幼龄林		中龄林		近熟林	
		重要值	次序	重要值	次序	重要值	次序
3	油桦 *Betula ovalifolia*	12. 56	4	14. 29	5	29. 37	4
4	稠李 *Padus racemosa*	49. 82	3	27. 47	3	—	
5	山丁子 *Malus baccata*	—	—	12. 41	6	—	
6	中国黄花柳 *Salix sinica*	—	—	26	4	46. 67	3

8. 3. 2　草本层植被重要值

由表 8-4 可知，在幼龄林中优势地位较明显的植物有细叶苔草、硬质早熟禾、瓣蕊唐松草和扁蓿豆；而到了中龄林阶段，在幼龄林中占优势地位的上述 4 种植物，除了扁蓿豆消失了，其他 3 种植物优势地位明显下降，到了近熟林阶段，这几种植物的优势地位又再次下降。中龄林阶段，优势地位明显的植物为白莲蒿、大丁草、并头黄芩；近熟林阶段，优势地位明显的植物为草地老鹳草、紫斑风铃草和瓣蕊唐松草。这主要是由于幼龄林郁闭度比较低，林内光照充足，喜光的草本植物占有优势，比如硬质早熟禾、丛生隐子草等。随着林分的生长，郁闭度逐渐升高，林内照度下降，喜光的植物逐渐减少，而耐阴的植物逐渐增加，导致物种组成发生变化。

表 8-4　不同发育阶段云杉人工林草本层植物重要值

序号	植物名称	幼龄林		中龄林		近熟林	
		重要值	次序	重要值	次序	重要值	次序
1	细叶苔草 *Carex rigescens*	61. 22	1	17. 36	6	16. 28	7
2	硬质早熟禾 *Poa sphondylodes*	38. 15	2	19. 18	4	14. 46	8
3	瓣蕊唐松草 *Thalictrum petaloideum*	27. 26	3	14. 43	7	28. 73	2
4	扁蓿豆 *Melilotoides ruthenica*	21. 32	4	—		—	
5	北野豌豆 *Vicia ramuliflora*	16. 83	5	10. 18	13	25. 77	4
6	菊叶委陵菜 *Potentilla tanacetifolia*	12. 45	6	13. 01	9	—	
7	丛生隐子草 *Cleistogenes caespitosa*	12. 36	7	—		—	
8	景天三七 *Sedum aizoon*	11. 15	8	10. 01	7	10. 78	10
9	变蒿 *Artemisia commutata*	10. 54		—		—	

（续）

序号	植物名称	幼龄林		中龄林		近熟林	
		重要值	次序	重要值	次序	重要值	次序
10	棒头草 *Polypogon fugax*	10.36		—		—	
11	白婆婆纳 *Veronica incana*	10.09		—		—	
12	鸡腿堇菜 *Viola acuminata*	—		10.48	12	—	
13	地榆 *Sanguisorba officinalis*	—		17.66	5	19.84	6
14	乌苏里风毛菊 *Saussurea ussuriensis*	—		12.23	11	21.39	5
15	白莲蒿 *Artemisia stechmanniana*	—		35.16	1	—	
16	并头黄芩 *Scutellaria scordlifloia*	—		20.22	3	—	
17	大丁草 *Leibnitzia anandria*	—		25.16	2	—	
18	砧草 *Galium boreale*	—		—		12.12	9
19	东方草莓 *Fragaria orientalis*	—		—		10.11	11
20	种阜草 *Moehringia lateriflora*	—		12.33	10	—	
21	棉团铁线莲 *Clematis hexapetala*	—		14.15	8	—	
22	紫斑风铃草 *Campanula punctata*	—		—		27.91	3
23	草地老鹳草 *Geranium pratense*	—		—		42.56	1

注：由于物种较多，本表只列出重要值在10%以上的物种。

8.4 云杉林下植被物种多样性指数

从表8-5可知，不同发育阶段云杉人工林林下植被层物种丰富度表现为中龄林(53个)>幼龄林(35个)>近熟林(28个)。不同发育阶段灌木层的辛普森多样性指数、香农-维纳多样性指数以及均匀度指数1、均匀度指数2差异均较小，这主要是因为灌木层的植物种类少且变化不大。

草本层多样性指数表现为中龄林大于幼龄林和近熟林，其辛普森多样性指数、香农-维纳多样性指数分别为0.8和2.03，幼龄林和近熟林多样性指数差别不大，幼龄林多样性指数分别为0.63和1.44，近熟林分别为0.62和1.42。均匀度指数的表现同样是中龄林大于幼龄林和近熟林。

表 8-5　不同发育阶段云杉人工林林下植被多样性

发育阶段	层次	物种丰富度	辛普森多样性指数	香农-维纳多样性指数	均匀度指数 1	均匀度指数 2
幼龄林	灌木	4	0. 33	1. 16	0. 84	0. 44
	草本	31	0. 63	1. 44	0. 42	0. 65
中龄林	灌木	6	0. 37	1. 32	0. 74	0. 44
	草本	47	0. 8	2. 03	0. 53	0. 82
近熟林	灌木	4	0. 35	1. 2	0. 87	0. 47
	草本	24	0. 62	1. 42	0. 45	0. 65

8. 5　小　结

塞罕坝不同发育阶段的云杉人工纯林灌木层的丰富度、重要值以及多样性差异不大。这主要与塞罕坝特殊的气候环境以及土壤条件有关，塞罕坝地区气候寒冷、多风，立地条件差，适宜生长的乔灌木本身就比较少，因而在不同发育阶段云杉人工林灌木层的丰富度、优势物种以及多样性变化不大。塞罕坝的云杉人工林在不同发育阶段草本层的优势种不同，幼龄林阶段，林分尚未郁闭，林下植物以喜光植物为主，随着林分年龄的增长，林分郁闭度增加，耐阴植物逐渐占据优势。这说明，不同发育阶段林分结构的变化对植物物种多样性会有明显影响(范少辉等，2000)。另外，本研究发现，塞罕坝云杉人工林草本层丰富度、多样性指数和均匀度指数均为中龄林高于幼龄林和近熟林，林下植被多样性表现为先增加后下降的过程，这与贾亚运等(2016)的研究结果一致。这主要是因为幼龄林阶段林分的郁闭度较低，以喜光植物为主，随着郁闭度的升高，耐阴植物增加，喜光植物的优势度下降，但并未完全消失，因此使得中龄林阶段的物种多样性更高。

第9章　塞罕坝地区云杉人工林小气候特征

小气候是指由于下垫面结构和性质不同，造成热量和水分收支差异，从而在小范围内形成一种与大气候特点不同的气候，统称小气候。小气候的范围一般水平尺度常在1000m以下，垂直高度100m以下(国家林业局，2005)。森林小气候就是在森林的影响下，林内水、气、热等各种气象因素在林分内发生变化而形成的一种特殊小气候。同时，不同的树种组成、林木的生长状况、森林所处的不同发育阶段、森林生境以及不同的经营措施都会对小气候产生一定的影响(郎立刚，2019；薛雪等，2016)。森林小气候的研究对揭示和定量评估森林生态系统功能，优化森林经营措施等具有重要的理论和实践意义。目前，很多学者对不同地区不同林种的森林小气候效应进行研究，如郜慧萍(2020)对油松林的小气候进行了研究；郑卓然等(2016)对樟子松人工林小气候进行了研究；郎立刚(2019)对油松混交林小气候进行了研究；李洁等(2020)对滇中高原麻栎+栓皮栎混交林以及云南松林小气候特征进行了研究；杜颖等(2007)对长白山阔叶红松林温度效应进行研究。不同林分构成树种不同、林分结构不同，其对小气候的调节作用也不同。塞罕坝机械林场有林地面积7.67万hm^2，森林覆盖率超过80%，茂密的森林发挥着巨大的气候调节作用。云杉是塞罕坝人工林的三大林种之一。本文基于气象观测数据对塞罕坝地区云杉林小气候进行了研究，以期提高人们对该地区人工林气候调节作用的认识，为人工林的生态服务评价以及科学经营提供科学依据。

9.1　研究方法

试验样地位于塞罕坝机械林场千层板分场的大阴背云杉示范林地。在林地内和林地外分别安置WTS700自动气象站一套，主要观测指标有大气温度、湿度、风速、风向、光照强度、降水量等，数据采集器设置为每小时自动记录观测数据 1 次，数值为 1 小时内的平均值。

季节划分采用通用的气象划分方法：春季为 3~5 月，夏季为 6~8 月，秋季为 9~11 月，冬季为 12 月至翌年 2 月。为了更好地描述和分析塞罕坝地区云杉林各季节的小气候特征，综合考虑塞罕坝特殊的地理环境和气象因子，结合气象划分方法，本研究把 5 月、7 月 15 日至 8 月 15 日、9 月 15 日至 10 月 15 日、11 月作为春、夏、秋、冬的代表月份(11 月塞罕坝已经进入了冬季，且 12 月至翌年 3 月，塞罕坝气温低于−20℃，气象站无法记录数据)。本研究使用的数据为 2022 年 7 月至 2023 年 6 月气象站观测的数据。各气象因子用 24h 的数据计算日平均值和月平均值。用同一时期的林外气象因子与林内的气象因子的差值来分析林内外小气候特征的差异性(国家林业局，2011；林业部科技司，1994)。

9.2　云杉人工林林内温度特征

9.2.1　林内外气温差值比较

由表 9-1 可知，春、夏、秋、冬四季云杉林林内的最高气温均低于林外。这是由于云杉林的林冠层厚，郁闭度高，大大减少了到达林内的太阳辐射量。春季、夏季和秋季云杉林的气温最低值都高于林外，而较差值又低于林外，由此可见，云杉林在空气温度较低的情况下又起到了保温作用。云杉冬季林内气温均值、最高值低于林外，较差值又高于林外，这是因为塞罕坝冬季气温极低，云杉又是常绿树种，林冠层厚，郁闭度低，太阳辐射进入林内的辐射量极低，因此造成了冬季云杉林内的月均值低于林外。

表 9-1　云杉林内外气温比较　单位:℃

样地	春季				夏季				秋季				冬季			
	月均气温	最高气温	最低气温	较差值	月均气温	最高气温	最低气温	较差值	月均气温	最高气温	最低气温	较差值	月均气温	最高气温	最低气温	较差值
林内	5.7	24.4	−9.1	33.5	16.9	29	7.5	21.5	6.1	23	−11	34	−5.06	8.6	−21.9	30.5
林外	5.8	24.9	−11	35.9	17.1	29.2	4.9	24.3	5.9	24	−13.3	37.3	−4.7	10.7	−18.4	29.1

9.2.2 不同季节日变化特征

由图9-1可知，云杉林内外温度的日变化趋势是一致的，即清晨5:00~6:00气温最低，之后随着时间的变化逐渐升高，13:00~14:00达到最高值，之后随着时间的变化又逐渐下降，整体为单峰曲线。春夏季0:00~5:00之间林内的气温高于林外气温，均差在1℃左右，从6:00到18:00，林外气温高于林内气温，均差在1.1℃左右，从下午19:00到23:00，林内气温又再次高于林外气温，均差在0.9℃左右。秋季和冬季呈现的规律与春季夏季类似，只是时间点略有不同，秋季是在6:00之前和下午17:00之后林内温度高于林外，上午6:00到下午17:00之间，林内温度低于林外温度；而冬季是在7:00之前和16:00之后林内温度高于林外，上午7:00到16:00之间，林内温度低于林外温度。云杉林四季的夜间温度高于林外，说明云杉林在夜间具有一定的保温作用，白天气温林内低于林外，说明云杉林在白天具有一定的降温作用。

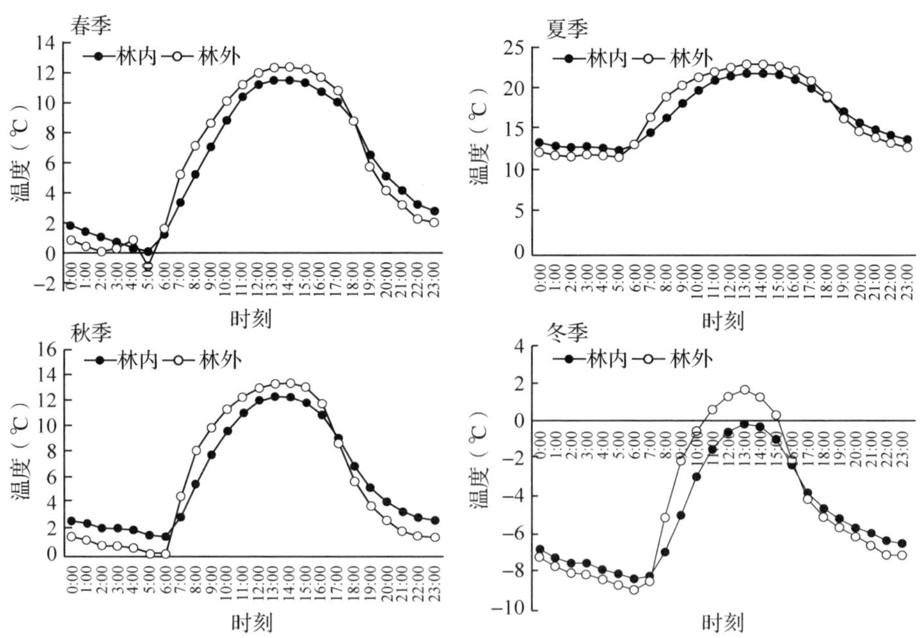

图9-1 不同季节云杉林内外温度日变化

9.3 云杉人工林林内空气湿度特征

9.3.1 林内外湿度差值比较

由表9-2可知，春季、夏季和冬季林内的相对湿度均值略高于林外，春季林内外相对湿度均值分别为49.2%、48.8%；夏季林内外相对湿度均值分别为76.5%、76.2%；冬季林内外相对湿度均值分别为65.1%、65.0%。只有秋季林内外的相对湿度均值略低于林外。整体来看，夏、冬季云杉林的相对湿度高于春秋季节。这主要跟该地区的整体气候环境有关，塞罕坝地区的降水主要集中在夏季和冬季，所以这两个季节相对湿度较高。

表9-2　云杉林内外相对湿度比较　单位:%

样地	春季				夏季				秋季				冬季			
	月均湿度	最高湿度	最低湿度	较差值	月均湿度	最高湿度	最低湿度	较差值	月均湿度	最高湿度	最低湿度	较差值	月均湿度	最高湿度	最低湿度	较差值
林内	49.2	97.6	9.4	88.2	76.5	100	22	78	54.2	98	13	85	65.1	98	24	74
林外	48.8	96.2	8.6	87.6	76.2	100	23	77	55.7	98	11	87	65.0	96	22	74

9.3.2 空气湿度日变化

由图9-2可知，云杉林内外四季空气湿度变化规律基本一致，呈现出早晚高、中午低的规律。从0:00开始空气相对湿度缓慢上升，到早上5:00~7:00时最高，而后随着太阳辐射的出现，植物蒸腾作用加强，空气湿度开始下降，在下午13:00~14:00时降到最低，之后随着太阳辐射强度降低，相对湿度开始逐渐升高。夏季0:00~6:00之间林内的相对湿度低于林外，均差在4%左右，7:00~18:00，林内相对湿度高于林外，均差在4.5%左右，19:00~23:00，林内相对湿度又再次低于林外气温，均差在4%左右。春、秋季和冬季呈现的规律与春、夏季类似，只是时间点略有不同，春季是在6:00之前和18:00之后林内相对湿度低于林外，6:00~18:00之间林内相对湿度高于林外；秋季是在6:00之前和16:00之后林内相对湿度低于林外，6:00~16:00之间林内相对湿度高于林外；而冬季是在7:00之前和15:00之后林内相对湿度低于林外，7:00~15:00之间林内相对湿度高于林外。云杉林白天的相对湿度高于夜间，这说明在有太阳辐射时，林内对空气湿度具有调节作用。

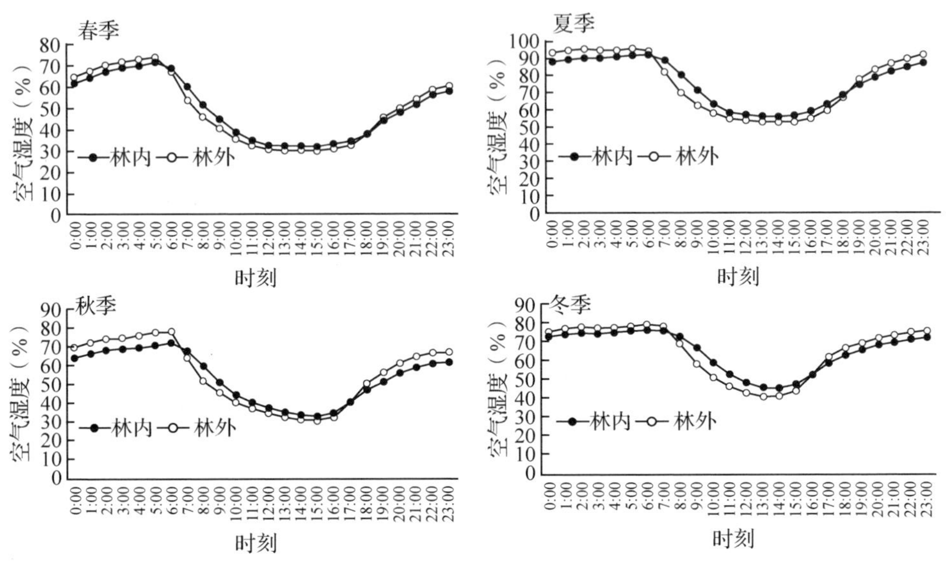

图9-2 不同季节云杉林内外相对湿度日变化

9.4 云杉人工林林内风速特征

9.4.1 林内外风速差值比较

由表9-3可以看出，四季林内的风速均明显小于林外，且最高值低于林外，最低值低于或等于林外，较差值低于林外。就全年来看，夏季风速最低，冬季风速最高。

表9-3 云杉林内外风速比较 单位：m/s

样地	春季				夏季				秋季				冬季			
	月均风速	最高风速	最低风速	较差值	月均风速	最高风速	最低风速	较差值	月均风速	最高风速	最低风速	较差值	月均风速	最高风速	最低风速	较差值
林内	1.0	4.0	0.1	3.9	0.7	2.6	0.0	2.6	0.9	2.8	0.1	2.7	1.1	3.1	0.1	3.0
林外	2.2	5.9	0.1	5.9	1.7	6.2	0.1	6.1	1.7	6.9	0.1	6.8	2.0	7.3	0.2	7.1

9.4.2 风速日变化

由图9-3可知，云杉林内外四季风速日变化规律基本一致，呈现出早晚低、中午高的规律。林内风速远低于林外风速，且林内风速变化较林外风速平缓。

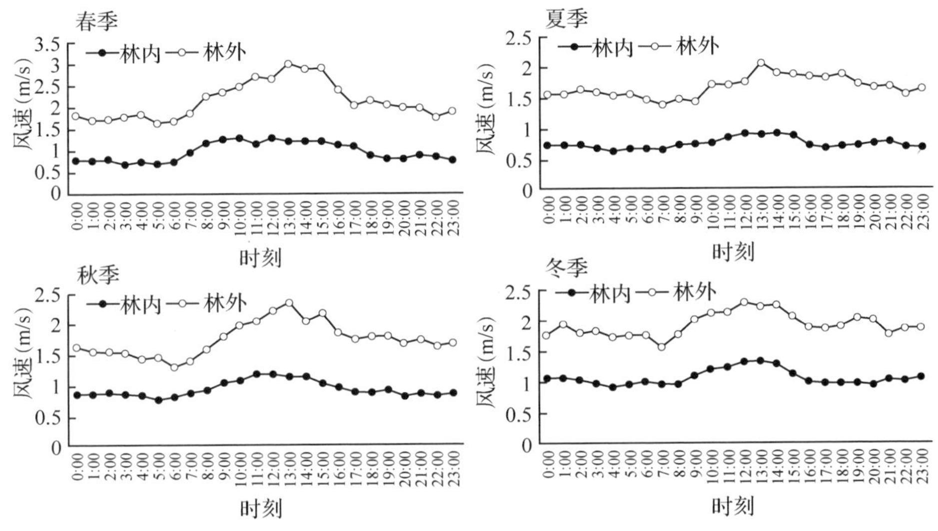

图9-3 不同季节云杉林内外风速日变化

9.5 云杉人工林林内辐射特征

9.5.1 林内外辐射差值比较

由表9-4可知，四季林内的辐射均值分别为31.4W/m^2、33.3W/m^2、26.0W/m^{2}和8.2W/m^2，而林外的太阳辐射均值分别为190.0W/m^2、191.2W/m^2、149.8W/m^{2}和90.8W/m^2，林内的太阳辐射量远低于林外。就全年来看，夏季辐射量最高，冬季最低。

表 9-4 云杉林内外辐射量比较 单位：W/m²

样地	春季				夏季				秋季				冬季			
	月均辐射	最高辐射	最低辐射	较差值	月均辐射	最高辐射	最低辐射	较差值	月均辐射	最高辐射	最低辐射	较差值	月均辐射	最高辐射	最低辐射	较差值
林内	31.4	350.2	0	350.2	33.3	363	0	363	26.0	377	0	377	8.2	132	0	132
林外	190.0	592.4	0	592.4	191.2	546	0	546	149.8	568	0	568	90.8	495	0	495

9.5.2 辐射日变化

从图 9-4 可以看出，云杉林内外辐射量差距较大，这主要是因为投射到林冠上的太阳光线，一部分被林冠层表面反射回大气，另一部分被云杉厚厚的林冠层所截获，只有极少部分到达林内。只有在春、夏、秋季中午太阳辐射最强时，林内的辐射量才能达到 300W/m² 以上，其他时间基本都维持在 200W/m² 以下，基本上与林外早上 6:00~7:00 的辐射量相似。

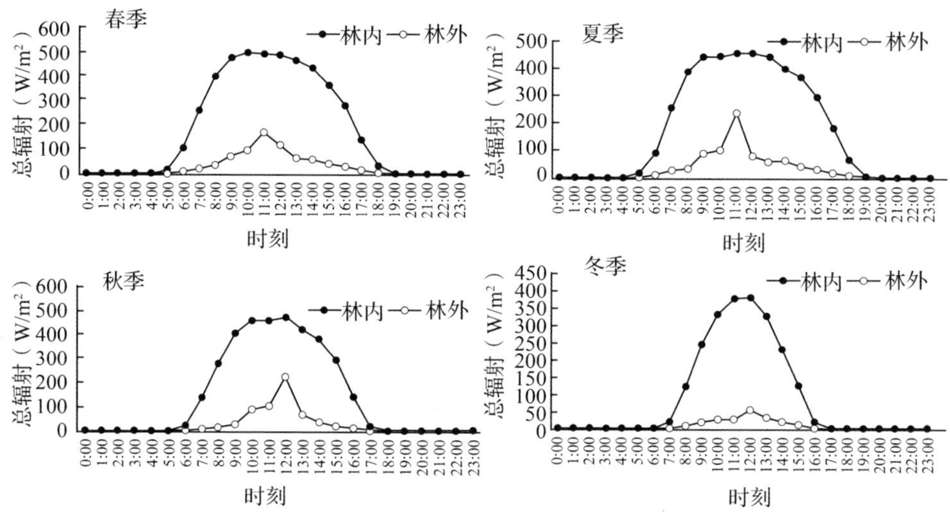

图 9-4 不同季节云杉林内外辐射日变化

9.6 云杉人工林林内降水特征

由于塞罕坝冬季极其寒冷，本试验中气象站低于-20℃以后不记录数据，因此12月到翌年4月的数据不全，降水特征分析选择5月、7月、9月和11月的正月降水量进行分析。从表9-5可以看出，7月时林内的降水量为75mm，林外降水量为69.6mm，林内降水量高于林外。而5月、9月和11月的降水量均为林外高于林内。

表9-5　云杉林内外降水量比较　单位：mm

样地	5月	7月	9月	11月
林内	21.8	75	11.2	6.6
林外	29.2	69.6	16.8	10.6

9.7　小　结

本研究表明，云杉林内外的小气候有明显差异。从温度来看，云杉林林内全年的平均温度低于林外，这主要是因为试验地的云杉林郁闭度高，林冠层厚，只有极少的太阳辐射进入到林内。从温度的日变化看，云杉林内早晚的温度高于林外，其他时间相反，这说明云杉林对气温具有明显的调节作用，在白天可以减少太阳辐射起到降温作用，早晚起到一定的保温作用。从湿度来看，云杉林林内夏、冬两季的相对湿度高于林外，春、秋两季的相对湿度低于林外；林内在夜间相对湿度低于林外，在白天则相反，这与林内外温度的差异直接相关，夜间林内温度相对较高，在大气绝对含水量相同的情况下，相对湿度较低，而白天林内温度较低，则相对湿度较高。云杉林林内的风速和辐射明显低于林外。从降水量的差异来看，云杉林林内7月的降水量高于林外，而5月、9月和11月的降水量低于林外，在不同季节表现出不同的结果，其原因需要进一步研究。

第 10 章　塞罕坝地区云杉人工林立木材积表编制

全面提高森林资源经营与管理水平是实现森林资源可持续利用的基础(李林，2011)。因此，作为森林经营管理重要工具之一的立木材积表也得到了越来越多的重视。立木材积表是林业中最重要的基本数表之一，同时也是林业调查规划设计的重要工具(刘恩斌，2005；王丹，2006)。可按照查定材积需要测定立木因子(胸高、树高等)数量的不同，可以分为一元、二元和三元材积表，其中，二元材积表最为常用，一元材积表数据获取相对容易，其应用也较为广泛。

云杉是塞罕坝地区广泛种植的优良树种，种植数量仅次于樟子松和油松，其优点有生长较快、材质优良、生产力高和经济效益高等，适宜于生长在气候凉爽、湿润的地区，尤其是排水性良好、肥沃疏松的沙壤土(刘亚春，2011；张岩等，2022)。我国目前已有贵州、青海、四川和甘肃云杉材积表的发表(白净，2009)，但是在不同的地区，云杉的生长特征会有明显差异，其他地区的材积表难以在塞罕坝地区推广使用。因此本实验以塞罕坝地区的云杉林为研究对象，计算得出该地区云杉林的一元和二元立木材积模型，并据此构建该地区云杉林的立木材积表，同时比较了不同立木材积表对云杉蓄积量计算结果的差异，为该地区云杉林蓄积量的准确估算提供科学依据，对指导塞罕坝地区森林经营技术措施，充分发挥森林的三大效益具有重要作用。

10.1　研究方法

样地调查：2018 年 5~9 月，在前期调查和实地考察的基础上，于塞罕坝机械林场所管辖的 4 个林场内，根据云杉生长情况，采用典型取样的方法，选取不同年龄、不同立地条件、不同林分密度、不同抚育状况的云杉林，设置9块标准地，每块标准地面积为600m^2，其主要林分因子见表10-1。在每一块样地内进行测量调查，调查内容包括胸径、树高、枝下高、冠幅、地理坐标等。测量用到的仪器主要有胸径尺、测高器、皮尺等，同时记录下来每块样地的地理坐标、海拔、土层厚度、坡度、坡位、坡向等指标。在每块标准地内分别选择生长正常、无病虫害、不断梢的正常木作为解析木，共获得36株解析木数据。

表10-1　各样地概况

样地	年龄（年）	海拔（m）	坡向	坡度（°）	坡位	胸径（cm）	树高（m）	密度（株/hm^2）	抚育状况
1	42	1728	/	/	坡底	13.1	11.6	3250	未抚育
2	42	1728	/	/	坡底	13.8	12.0	3233	未抚育
3	42	1654	北	11	中坡位	18.2	13.0	1000	高强度抚育
4	42	1650	东北	13	中坡位	19.5	12.7	1050	高强度抚育
5	42	1653	东北	10	中坡位	17.6	12.0	1317	高强度抚育
6	38	1798	/	/	坡底	14.9	12.3	2817	未抚育
7	40	1895	/	/	漫甸	16.8	10.9	1133	高强度抚育
8	38	1895	/	/	漫甸	16.8	11.4	1117	高强度抚育
9	41	1845	/	/	漫甸	16.1	11.8	2100	低强度抚育

二元材积表编制方法：把所有的解析木数据分成两组，第1组为27株，第2组为9株，用第1组来建立二元材积模型，用第2组来进行模型的验证。采用的模型有以下几种：

$$V = aD^bH^c$$

$$V = a + bD + cH$$

$$V = a + bD^2 + cH^3$$

$$V = a + bD^2 + cD^2H$$

$$V = a + bD^2 + cDH + dH$$

$$V = a + bDH + cD^2H + dH$$

式中：V为材积；a、b、c、d均为常数；D为胸径；H为树高。

用上述6个模型进行拟合，应该选择决定系数最大，同时残差平方和最小的模型来编制二元立木材积表（许晴等，2017）。

一元材积表编制方法：把所有的解析木数据同样分成两组，第 1 组为 27 株，第 2 组为 9 株，用第 1 组来建立一元材积模型，用第 2 组来进行模型的验证。一元材积模型选用公式：$V=aDb$，获得模型后将各径阶代入，便获得一元材积表。

数据统计：使用 Excel 2019 和 SPSS Statistics 22 软件进行所有实验数据的统计及拟合分析，采用 SPSS Statistics 22 的单因素方差分析和 Duncan 多重比较进行检验($\alpha=0.05$)。

10.2 二元材积表

10.2.1 模型选择

云杉材积与树高和胸径的回归关系如图 10-1 所示，两者回归关系的决定系数分别为 0.846 和 0.990，说明树高和胸径对云杉材积的解释量分别为 84.60%和 99.00%，所以测量得到的数据可以用来建立云杉材积与胸径和树高的回归模型。

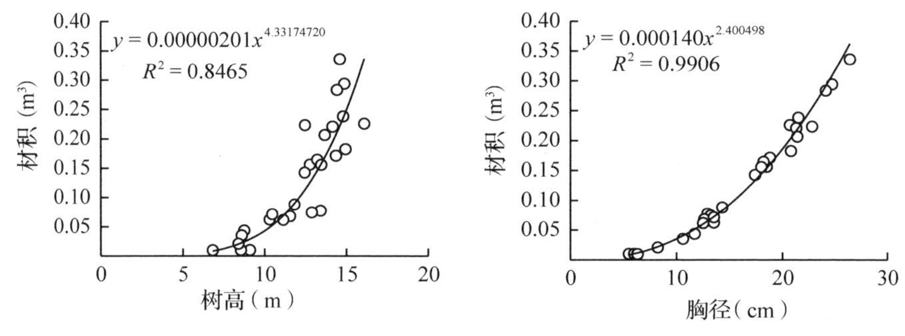

图 10-1 云杉材积与树高和胸径的回归关系

云杉的单株材积与胸径和树高的回归模型是根据测量得到的解析木的数据建立的，不同回归方程的决定系数及剩余残差平方和如表 10-2 所示。

表 10-2　不同模型决定系数及残差平方和

模型	R^2	残差平方和
$V=aD^bH^c$	0.993	0.002
$V=a+bD+cH$	0.950	0.012
$V=a+bD^2+cH^3$	0.991	0.002
$V=a+bD^2+cD^2H$	0.993	0.002
$V=a+bD^2+cDH+dH$	0.990	0.002

由表 10-2 可知，以模型 $V=aD^bH^c$ 和模型 $V=a+bD^2+cD^2H$ 的决定系数最大，为 0.993，同时残差平方和最小，为 0.002。通过比较，模型 $V=aD^bH^c$ 的形式更为简洁，因此采用此模型来编制塞罕坝地区的云杉二元立木材积表，计算公式如下：

$$V=0.00008506D^{1.969}H^{0.684}$$

$$R^2=0.993$$

式中：V 表示材积，D 表示胸径，H 表示树高。

用 9 株解析木数据进一步验证材积表的适合程度，对实际测量计算得到的单株材积及模拟得到的单株材积进行 t 检验。结果如表 10-3 所示。由表中数据可以看出 $p=0.612$，说明两者之间的差异并不显著，因此该材积表在该地区适用性良好。

表 10-3　实际值与模拟值的 t 检验

项目	t	df	Sig.（双尾）
实测值-模拟值	0.528	8	0.612

10.2.2　二元材积表的编制

把云杉的径阶与树高阶代入材积方程 $Q=0.00008506D^{1.969}T^{0.684}$，得到云杉二元立木材积表(表 10-4)。

表 10-4 塞罕坝地区云杉林二元立木材积表

胸径(cm)	树高(m)																
	6	7	8	9	10	11	12	13	14	15	16	17	18	19	20	21	22
6	0.010	0.011	0.012														
7	0.013	0.015	0.016	0.018													
8	0.018	0.019	0.022	0.023													
9	0.023	0.024	0.028	0.029	0.032												
10	0.028	0.030	0.032	0.036	0.038	0.040											
11		0.036	0.041	0.043	0.045	0.049	0.051										
12		0.043	0.046	0.051	0.054	0.058	0.061										
13			0.056	0.061	0.064	0.067	0.073	0.078									
14				0.068	0.075	0.079	0.083	0.089	0.093								
15				0.080	0.085	0.090	0.096	0.103	0.107	0.112							
16				0.091	0.097	0.104	0.109	0.115	0.123	0.127							
17					0.108	0.116	0.124	0.130	0.137	0.146	0.150	0.156					
18					0.123	0.131	0.138	0.147	0.153	0.162	0.169	0.176					
19						0.146	0.154	0.162	0.171	0.179	0.188	0.196	0.202				
20							0.171	0.180	0.189	0.198	0.208	0.215	0.225				
21								0.197	0.209	0.218	0.227	0.238	0.246	0.256			
22									0.227	0.238	0.249	0.260	0.270	0.280	0.290		
23										0.260	0.273	0.284	0.296	0.306	0.317	0.329	
24											0.296	0.309	0.322	0.333	0.346	0.356	
25												0.334	0.348	0.362	0.373	0.386	0.399
26												0.361	0.375	0.389	0.403	0.417	0.431

10.3　一元材积表

10.3.1　模型选择

目前已发表的一元材积表的编制多采用模型 $V=aD^b$，本研究也采用该模型。由 SPSS 22 的非线性回归得到云杉的一元胸径材积模型式为：

$$V=0.000140D^{2.400}$$

式中：$R^2=0.990$，残差平方和为 0.003。

用 9 株解析木数据进一步验证材积表的适合程度，对实际测量计算得到的单株材积及模拟得到的单株材积进行 t 检验。结果如表 10-5 所示，从表中数据可以看出 $p=0.430$，说明两者之间的差异并不显著，因此该材积表在该地区适用性良好。

表 10-5　实际值与模拟值的 t 检验

项目	t	df	*Sig.*（双尾）
实测值-模拟值	0.832	8	0.430

10.3.2　一元材积表的编制

把云杉的各径阶代入材积方程 $Q=0.000140D^{2.400}$，获得云杉一元材积表（表 10-6）。

表 10-6　塞罕坝地区云杉林一元立木材积表

胸径（cm）	材积（cm^3）	胸径（cm）	材积（cm^3）
6	0.010	17	0.126
7	0.015	18	0.144
8	0.021	19	0.164
9	0.027	20	0.186
10	0.035	21	0.209
11	0.044	22	0.233
12	0.054	23	0.260
13	0.066	24	0.287

（续）

胸径(cm)	材积(cm^3)	胸径(cm)	材积(cm^3)
14	0.079	25	0.317
15	0.093	26	0.348
16	0.109		

10.4 两种材积式计算结果的比较

把测量得到的三种抚育方式下的树木胸径和树高带入一元材积式和二元材积式中，得到不同抚育强度的云杉人工林的蓄积量。由表 10-7 可以看出，未经抚育的云杉林的蓄积量为一元材积式<二元材积式；经过抚育间伐的云杉林蓄积量为一元材积式>二元材积式。以上结果说明，采用不同的材积式对不同类型林分的蓄积量的计算结果有所不同。

表 10-7 两种材积式对不同云杉林的计算结果

类型	蓄积量(m^3/hm^2)	
	一元材积式	二元材积式
未抚育	260.83	273.11
低强度抚育	256.24	253.03
高强度抚育	163.62	156.45

云杉具有耐寒、耐干旱、耐瘠薄等优良特征，因此在中国具有广泛的分布。但是由于云杉的生长特征随着各地的生态条件变化而表现不同，导致各地云杉的树干表现出不同的形态特征。因此，通过计算得到的一个地区云杉林材积表，在其他地区难以推广应用。李兴民等(2013)曾构建甘肃白龙江林区的人工云杉林的二元立木材积模型为：$V=5.674894\times10^{-5}D^{1.939}H^{0.921}$($R^2=0.991$)，本实验得到的塞罕坝地区云杉林的二元立木材积模型为 $V=8.506\times10^{-5}D^{1.969}H^{0.684}$($R^2=0.993$)。通过比较可以看出，云杉立木模型在两个地区有很大差别，这在一定程度上反映了不同地区云杉生长的差异。同时，不同地区材积模型的构建差异较大，说明在一个地区得到的材积表或材积模型并不一定适用于其他地区，这是由于不同地区的林木立地条件具有显著差异，并且在抚育措施、人为干扰等方面也存在不

同。因此，一般情况下不能直接采用其他地区的立木材积表或材积模型，需要重新建立。

由于高径比受抚育情况的影响，在同一林分中，高径比随抚育强度的增加而增大，未抚育的树木高径比最大，而抚育后的树木高径比相对较小，则未抚育的树木胸径相对于抚育后的树木胸径较小。而在一元材积式中，材积与胸径呈正相关，所以由一元材积式计算出来的蓄积量未抚育的偏低，而抚育后增加。

10.5　小　结

以塞罕坝地区云杉林的实际数据为基础建立了塞罕坝地区云杉的二元立木材积模型和一元立木材积模型，分别为 $Q=0.00008506D^{1.969}T^{0.684}$($R^2=0.993$)和 $Q=0.000140D^{2.400}$($R^2=0.990$)，经过 t 检验，两个模型的适用性都较高。应用以上两个模型建立了塞罕坝地区的二元立木材积表和一元立木材积表。一元材积式和二元材积式对不同抚育强度云杉林蓄积量的计算结果有所不同。采用一元材积式计算的未间伐林分的蓄积量偏低，而对抚育林分的计算结果则偏高。

第 11 章　塞罕坝地区云杉人工林经营技术

云杉具有浅根性，早期生长较慢，寿命长，种子繁殖。较耐阴、耐寒，喜冷湿气候，在海拔 1400～2600m 山地土层深厚、湿润、排水良好的微酸性土壤上生长良好。为华北高山地带更新、造林及庭园观赏优良树种，木材可供建筑、造船、电杆、乐器及纤维工业等使用。云杉在塞罕坝地区有广泛的分布。常以片状、单株分布于以白桦为主的天然次生林中，形成优良、稳定、高品质的针阔混交林，也有面积较大的成片云杉天然林的分布。由于塞罕坝的气候条件适宜云杉的生长，从 20 世纪 60 年代开始，塞罕坝营造了大量人工林，目前云杉人工林的面积达到了 2722.87hm^2，分布在各个分场，其中又以千层板和北漫甸面积最大，分别占到总面积的 27.19%、21.98%。目前，塞罕坝的云杉林以幼、中龄林为主，所占比例分别达到了 83.57%和 16.35%。塞罕坝机械林场在长期的经营实践中，总结了云杉育苗(刘海莹，1999)和经营管理的技术。

11.1　云杉育苗技术

11.1.1　云杉播种苗培育的圃地选择

云杉育苗苗圃地应选在排水良好、不受风害、光照充足的平坦或坡度低于 3°缓坡地段。土壤石砾含量低、土层较厚、肥沃、结构疏松、通气性和透水性良好的沙壤土或壤土，pH 值微酸。非此类土壤应在改良之后使用。

11.1.2　云杉播种苗的培育

11.1.2.1　种子处理

种子精选及消毒。用风选或水选方式去除杂物及饱满度差、发芽势弱的种子，然后进行药物消毒，消灭附着在种子上的病菌。主要方法有：硫酸铜溶液消毒，一般用 0.3%~1%的水溶液，浸种 4~6h；高锰酸钾溶液消毒，一般用 0.3%~0.5%的水溶液浸泡 2h。注意胚根突破种皮，禁用高锰酸钾。消毒后用清水洗净。

混雪层积催芽。选排水良好，背阴处挖坑，坑深 1m 左右，长宽依种子数量而定。当积雪不融时，先在坑底铺一层雪踏实。将种子与雪按 1∶3 的体积比混匀或分层放置于坑内，至坑沿下 20cm 处止。上堆雪呈丘状，再覆以草帘、树枝等物隔热防风加以保护。翌春播前一周撤除覆盖物，待坑内雪全部融化，取出种子用清水洗净。按种沙比 1∶3 混合，含水量 60%(手攥成团，撒手即散，手上有水印)，置于适宜温度处，保持湿度，进行播前催芽，等待播种。

11.1.2.2　播前土壤管理及作床

秋季对圃地翻耕。平整土地，精耕细作。耕深 25cm 左右，之后灌冻水，为翌年播种做准备。

播前浅耕及基肥施入。春季土壤解冻 20cm 左右，将备好的腐熟基肥均匀撒于圃地，然后浅耕 15cm 将基肥翻入土中。基肥用量通常为厩肥(或堆肥) 50000~80000kg/hm^2；人粪尿 3000~4000kg/hm^2；过磷酸钙 500~800kg/hm^2。

土壤消毒灭虫。用硫酸亚铁配成 2%~3%的水溶液 4.5kg/m^2；50%辛硫磷乳剂 2g/m^2 加水稀释后，结合撒基肥施于土表，翻耕后混于土中。

作床。一般作高床。作床前 5~7d 灌足底水，苗床东西走向或沿等高线，床高 10~15cm，宽 110cm，长以利于床面整平且作业方便而具体设定。床沟上口宽 40cm，做到床直、面平、沿整。

11.1.2.3　播种

播种时间。在日平均温度达 12℃，地下 5cm 处温度达 8℃时，或物候华北杜鹃花开放时播种为宜。

播种方法。条播播幅 10cm，间距 10cm。本场一般采用机引播种机或人工滚筒式播种器。

播种量的确定。播种量依种子发芽势、千粒重、预产苗量、圃地自然条件及育苗技术不同，用量不尽一致。本场常用量为 90～120kg/hm^2。也可按下述公式进行计算：

$$X=[A\times W\div(P\times G\times 1000000)]\times C$$

式中：X 为单位长度或单位面积实际所需要的播种量(kg)；A 为单位长度或单位面积的产苗量；W 为千粒重(g)；P 为净度(小数)；G 为发芽势(小数)；C 为损耗系数。

播种量的调试。按既定单位面积播种量计算出 10m^2 播种量装入播种机(器)，在苇席或苫布上试播，将出种量控制在正好播完 10m^2 为止，准备上床正式开播。

播种。在床面上耧出麻面，随后播种，播种后进行覆土。用覆土筛取床沟上覆土，厚度 3～5mm，筛过后用木板找平。要求严格控制厚度，要均匀一致。覆土后镇压，镇压完毕喷第 1 遍水，补充种子层水分，接上底墒，同时对喷水后露出的种子用小筛补覆土。

11.1.2.4 当年苗的管理

播种完成后，用 25%的除草醚可湿性粉剂兑水，配成 1%浓度，用量为 0.5～1g/m^2，均匀喷施于床面。

出苗期的管理。从播种至出齐苗为出苗期，要适量喷水，少量多次，以保持种子层湿润为宜。最好用河水，若用井水应先行日晒升温后使用。种壳破土后注意防鸟啄食。

幼苗期的管理。齐苗至高生长明显加快为幼苗期。这一时期要酌量追肥，按尿素 5g/m^2，兑于水中结合喷水施用，浓度低于 0.3%。施后喷水洗苗，促进肥水下渗。施肥起始时间为齐苗后 15～20d。此期注意“四防”：①防风。设防风障，并在起风时喷水压土，减少苗木水分蒸发及沙粒伤苗。②防霜冻。预防晚霜冻的危害，注意天气变化，掌握气象信息。在预知有霜冻之夜要有专人值班并备好材料设备。可采取熏烟法或灌水法。③防病虫。立枯病是幼苗期危害较强的病害，在苗出齐后马上喷等量式波尔多液，每周 1 次，可进行 2～3 次。当发现立枯病出现时，立即喷 2%～3%

的硫酸亚铁溶液，用量为0.9kg/m^2，喷后清水洗苗。同时需要随时观察地下害虫的发育状况，在幼虫孵化出现后用50%辛硫磷乳油0.5g/m^2，配成0.1%的液体，在床面扎眼至害虫生活层灌施。④防日灼。本场采用全光育苗，在高温到来前要喷水预防。一旦地表温度高于30℃时，立即喷灌，免除危害。

速生期的管理。高生长明显加快至高生长明显减缓为速生期。在此期要增水增肥，按尿素计算，用量分别为10g/m^2、11g/m^2、12g/m^2，起始时间约在7月初，每隔7~10d施1次，末次混施等重的过磷酸钙。浓度同幼苗期。有条件的可施腐熟的人粪尿40g/m^2。7月末停止追氮肥，8月上旬停止灌水。本期还应注意排水及虫害的防治。

这段时期，注意适时在苗木木质化后进行间苗。第1次间除病、弱、残苗，7月下旬间第2次苗，保留密度为按床面面积计算350~400株/m^2。间密留匀，间劣留优，连根拔除不留残梗。同时适时进行松土除草，一般在降雨或灌水之后进行。疏松土壤，清除杂草。除草也可采用化学除草方式。

根外追肥。在停施氮肥15d后追施磷酸二氢钾，促进苗木木质化。浓度0.3%~1.0%，用量以叶面均匀着肥即可。时间以早、晚或阴天空气湿度大时为宜。每隔7~10d施1次，施用2~3次。

苗木硬化期的管理。高生长明显下降至苗木停止生长为苗木硬化期。本期之关键是"蹲苗"促壮。为此应停水停肥，及时排水。圃地干旱时以松土代灌水并注意早霜危害。

11.1.2.5　留床苗的管理

覆土防风，抵抗生理干旱。在上冻(夜冻昼消时)前7~10d灌大水，并将床沟土挖开备用。在即将结冻时，把床沟土移至床面，压严苗木，厚度超过苗梢3~5cm。在翌年春季土壤解冻时，分2~3次撤掉床面覆土，每次间隔2~3d。撤下土后立即喷水湿润苗体，降低苗体失水量，防止死苗。

水肥管理。撤土结束后灌大水补充苗床土壤水分。施肥在5月初开始，以后每隔5~7d追施氮肥，按尿素计算用量分别为10g/m^2、12g/m^2、14g/m^2、15g/m^2。后两次增施等量的过磷酸钙。喷施后清水洗苗。有条件的可追施腐熟的人粪尿。6月中旬停水停肥。

间苗定株。苗木生长稳定后间苗定株，保留密度为220~230株/m^2。

根外追肥。在停水停肥20d后进行。

11.1.3 苗木出圃

起苗。起苗时间在秋季苗木完全停止生长，落叶树开始落叶时进行。起苗前2~3d灌透水。起苗深度一般超过栽植深度3~5cm，以利修剪。注意保护好顶芽。苗根出土后要随时用土掩埋，防止失水，随后集中进行临时假植，待分级。

苗木分级。在背风向阳处搭阴棚，选苗分级。分级时注意各等级的标志，定量标准体现以地径为主的原则，并注意保持苗根湿润。选出苗木要专人及时假植。

针叶树育苗较为细致，各环节之间关系紧密，技术要求严格，在实际操作中不可忽视每一个管理细节。云杉属耐阴性树种，尤以苗期为重。注意水的管理，创造阴凉环境。施肥、用药必须遵守先小面积试用，而后全面铺开的原则。

11.2 云杉人工林常规抚育经营技术

11.2.1 坚持原则

基于林分生长及结构演变规律，对郁闭后成林的中、幼龄云杉人工林需及时进行修枝、透光伐、疏伐、卫生伐等成林抚育作业，为保留林木个体健康发育创造空间和条件，并加速林木生长，构建形成乔、灌、草相结合的立体森林结构，进而培育速生、丰产、优质、高效、健康的森林资源。

(1)科学经营、可持续发展原则

在确保生态安全的前提下，根据不同区域的性质和特点，以林学理论为指导，以优质森林为目标，加强提高森林资源质量，优化林分结构，科学处理保护与利用的关系，努力实现森林资源持续、稳定、健康、科学发展。

(2)因地制宜、分类指导原则

按照建设现代林场、突出利用方向的发展思路，坚持保护和利用并重，实行分类经营，分类指导，探索公益林与商品林的经营措施，针对不同森林结构和不同起源林分的特点，科学确定森林经营模式。

(3)发挥立地、创新提质原则

按照云杉林分所处具体立地环境，科学合理优化组合修枝、抚育间伐等传统经营措施，力争最大程度挖掘立地潜力，达到森林提质、效能提升、生产力增加的效果。

11.3.2　人工修枝

11.3.2.1　修枝时间

宜在树液停止流动或尚未流动的晚秋或早春进行修枝，此时不会因修枝作业影响林木的生长，而且能减少木材变色现象的发生。在北方地区，宜在早春修枝作业，一方面容易雇佣社会劳力，另一方面修枝伤口容易愈合，其附近的皮层或形成层不会受到损伤。

11.3.2.2　修枝种类

包括 3 种修枝方式，分别是干修、绿修和干绿结合。干修是去掉树干下部的枯枝；绿修是去掉部分活枝；干绿结合是按一定高度标准，将其下部干、绿枝全部修除。此作业方式主要修除树冠力枝以下部分。

11.3.2.3　修枝年龄

云杉人工林开始修枝的年龄标志一般为林分充分郁闭，林冠下部出现 2 轮以上枯枝。在立地条件好、林木生长较早的地方，人工修枝开始年龄应更早。

11.3.2.4　修枝间隔期

修枝间隔期是指两次修枝中间相隔的年限。一般情况下，第 1 次修枝主要是为生产工人进出林分场地创造条件；在出现防火安全、可能发生严重病虫害等情况下，进行第 2 次修枝，间隔期为 5 年以上。

云杉第 1 次修枝，是在幼树下部出现 2~3 轮枯死或濒死枝时进行；间隔 5 年以上后，依林分生长现状及林区管理实际情况而拟定第 2 次修枝。

11.3.2.5 修枝强度

修枝强度多采用修枝高度与树木高度之比法，大致分 3 级，即强度、中度和弱度。弱度修枝是修去树高 1/3 以下的枝条，保留冠高比 2∶3；中度修枝是修去树高 1/2 以下的枝条，保留冠高比 1∶2；强度修枝是修去树高 2/3 以下的枝条，保留冠高比 1∶3。合理的修枝强度是既要保留适当的树冠和叶面积，以保证树木的旺盛生长，又要在树木的生长过程中逐步淘汰掉树冠基部的侧枝，以减少木材的节子，促进干材的生长。确定修枝强度因林龄、立地、密度、树冠发育、生长势等综合情况而定。一般是林龄大的比林龄小的要多修，立地好的比立地差的强度高，密度大的比密度低的多修，树冠发育好的比发育差的高一些。随着年龄的增长，年龄越大冠高比越小；立地条件好的和树冠发育良好的林木，修枝强度可大些，否则相反。

修枝高度通常取决于培养木材的规格要求和经济条件两个因素。传统上，塞罕坝主要采取中、弱强度修枝。云杉第 1 次修枝强度宜占树高的 1/3 以下为宜，第 2 次修枝强度可占树高的 1/2，除修去枯死枝、濒死枝外，还可修去树干下部的 1~2 轮活枝，但强度不宜过大。

11.3.2.6 修枝林分和林木的选择

云杉人工修枝的劳动强度很大，为了提高效率，应首先在有价值和高地位级的林分中进行。地位级低的林分，修枝后林木生长恢复慢，伤口愈合时间长，难以在短期内育成无节良材。人工修枝主要应在幼龄林和干材林等生长旺盛、树干和树冠没有缺陷、有培育希望的林木中进行，近熟林、成熟林中可不进行。

现实生产中，可把修枝和抚育间伐结合进行，作业效果会更好。施工中，不采用逐株修枝的方法，而是选择生长旺盛、干形良好、树冠无严重缺陷的林木，即应以林分中 I—Ⅱ级木为主要对象，其他林木可不必采取修枝措施。这种选择部分林木修枝的方法，不仅节省人力、物力，而且能使不修枝林木的枝条为修枝林木的树干创造庇荫条件，促进伤口愈合，同时还能抑制某些树种树干不定芽的萌发。

11.3.2.7 修枝操作方法

一般使用刀锯修枝，禁用棒打斧砍。修枝时，选准切口位置，应先锯下方，再锯上方，防止主干韧皮部和形成层等受伤，要求切口平滑、不偏不裂、不削皮、不带皮。

修枝时，要求采用平切式修枝方法，从枝条基部膨大部位下方先下锯，切口与树干平齐，锯到一定程度，再从上方往下锯，直至锯下枝条，要不留残桩。对于活枝，伤口愈合较快，并消除死节，形成无节材；对于死枝，尽可能减少死节。

11.3.3　抚育间伐

11.3.3.1　抚育种类

随着云杉林的发育成长，抚育间伐的目的、对象相应进行调整变化，进而形成不同的抚育间伐种类。

(1)透光伐。在幼龄林早期进行，伐去压抑云杉生长的非目的树种，保证云杉正常生长，多适用于混交林调整林分组成。透光抚育必须在云杉即将受压抑时及时进行，同时要视林分具体情况适度间密留匀、间劣留优。

(2)疏伐。适用于幼龄林后期及以后的密度调控工作，以调整林分密度，拓展林木营养空间，促进林木干型发育，提高林分质量。具体细分为下层疏伐、上层疏伐、综合疏伐和机械疏伐，一般多采取下层疏伐法。

下层疏伐：用于同龄单层纯林，按林木五级分类法，第一伐除Ⅳ、Ⅴ级木，第二伐除遭受灾害的林木，第三伐除双杈、多梢、弯曲、多节、偏冠、尖削度大劣质林木，第四依采伐强度要求可适当伐除部分Ⅲ级木。同时要间密留匀，严禁单纯取材，确保抚育质量。

上层疏伐：一般适用于包含云杉天然下种或人工引种形成的针阔混交异龄林或在疏林地的林冠下形成的林分。优先伐除病虫危害木、枯死木、濒死木等有害木，其次伐除压抑云杉生长的非目的树种上层木。此种作业方式，只有大量云杉个体生长受到严重抑制时才考虑实施，要严格控制单位面积采伐数量，科学安排树木倒向，防止砸伤过多保留的云杉林木。

综合疏伐：用于包含云杉树种的天然次生异龄林、混交异龄林，既选取上层有害木，又伐除下层无培育前途的林木个体和非目的树种。

机械疏伐：主要是针对株行距整齐的云杉人工纯林，每隔一定距离，按事先确定的采伐行距和株距，机械地确定采伐木。

(3)卫生伐。适用于遭受灾害的林分，间伐强度依受害程度而定。

11.3.3.2 林木分级方法

因塞罕坝的云杉林以人工为主，包含云杉的天然混交林比例极低，基本参考人工林经营管理理念，在林木分级方面一直沿用克拉夫特分级法。使用时，按生长优劣将林木分为五级：

Ⅰ级优势木：处于林分顶端，树高和直径最大，树冠很大，且伸出一般林冠之上。

Ⅱ级亚优势木：处于林分上层，树高略次于Ⅰ级，树冠向四周发育，在大小上也次于Ⅰ级木。

Ⅲ级中等木：处于林分中层，生长尚好，但树高和直径较前两级林木为差，树冠较窄。

Ⅳ级被压木：处于林分下层，树高和直径生长都比较落后，树冠侧方严重受挤压，通常都是小径木。

Ⅴ级濒死木：完全处于林分下层，生长极度落后，树冠稀疏，多数枯死、濒死。

11.3.3.3 始伐期、间隔期的确定

(1)始伐期的确定。当林分自然整枝明显加强，分化强烈，出现一定数量枯死、濒死个体，人工林郁闭度达到0.9时，天然林郁闭度达到0.7时，林分的生长受到压抑，胸径、材积连年生长量开始下降，此时开展首次间伐。

具体开展抚育时间依林分不同的立地条件和密度来确定，云杉一般在20年左右进行首次间伐为宜，密度越高，开始越早，立地越差，开始越晚。

(2)间隔期的确定。依据森林生长具体状况及上一次间伐强度大小、立地水平、交通生产条件和经济可行性等，综合确定每次间伐的间隔期。云杉人工林首次间伐强度蓄积量不超过20%，株数强度不超过30%；立地条件适中、交通和生产条件较好的林分，一般间隔期3~6年为宜。

根据塞罕坝实践，云杉人工林第2次间伐一般在24~30年间进行，第3次间伐在30年后进行，后续作业时间也根据林分实际而定。

11.3.3.4　施工管理

多年来，塞罕坝在常规森林经营工作中坚持实施了一系列经营管理制度，主要包括：伐前调查设计、伐中监督检查和伐后联合验收程序化管理制度；依据批复方案、批复文件，实行凭证采伐制度；月报生产进度制度；伐前复核制度；伐前公示制度；“三员、三卡、三书”的程序化、文档化管理制度。

在生产作业中，坚持流程化操作，包括：专家培训→贯彻理念→作业设计→行政报批→伐前复核→作业培训→选择保留对象→确认采伐对象→伐中指导→林木采伐→打杈→造材→清理林地→恢复环境→伐后验收。

参考文献

白净，2009. 基于形数的单株木材积测定方法的研究[D]. 北京：北京林业大学.

曹晓阳，2013. 山西中南部主要造林树种固碳能力研究[D]. 北京：北京林业大学.

陈鹏娟，2021. 干旱半干旱地区植被恢复类型对林地小气候的影响研究[J]. 中国水土保持(5)：45-47.

楚聪颖，2015. 塞罕坝地区樟子松人工林生长规律及其土壤养分变化[D]. 保定：河北农业大学.

杜颖，关德新，殷红，等，2007. 长白山阔叶红松林的温度效益[J]. 四川林业科技，28(2)：29-32.

范少辉，马祥庆，陈绍拴，等，2000. 多代杉木人工林生长发育效应的研究[J]. 林业科学，36(4)：9-15.

高人，周广柱，2002. 辽宁东部山区几种主要森林植被类型枯落物层持水性能研究[J]. 沈阳农业大学学报，33(2)：115-118.

郜慧萍，2020. 油松中龄林的小气候效应研究[J]. 山西林业科学，1(49)：40-42.

耿琦，王海燕，张美娜，等，2020. 森林枯落物持水特性影响因素研究进展[J]. 生态科学，39(5)：220-226.

宫渊波，陈林武，罗承德，等，2007. 嘉陵江上游严重退化地 5 种森林植被类型枯落物的持水功能比较[J]. 林业科学(S1)：12-16.

郭文霞，2017. 北京北山区不同间伐强度油松人工林固碳效应研究[D]. 北京：北京林业大学.

国家林业局，2005. 森林生态系统定位研究建设技术要求：LY/T 1626-2005[S]. 北京：中国标准出版社.

国家林业局，2011. 森林生态系统长期定位观测方法：LY/T 1952-2011

[S]. 北京：中国标准出版社 .

韩同吉，裴胜民，张光灿，等，2005. 北方石质山区典型林分枯落物层涵蓄水分特征[J]. 山东农业大学学报(自然科学版)，36(2)：275-278.

胡海清，罗碧珍，魏书精，等，2015. 大兴安岭 5 种典型林型森林生物碳储量[J]. 生态学报，35(17)：5745-5760.

胡海清，罗碧珍，魏书精，等，2015. 小兴安岭 7 种典型林型林分生物量碳密度与固碳能力[J]. 植物生态学报，39(2)：140-158.

贾剑波，刘文娜，余新晓，等，2015. 半城子流域 3 种林地枯落物的持水能力[J]. 中国水土保持科学，13(6)：26-32.

贾亚运，周丽丽，吴鹏飞，等，2016. 不同发育阶段杉木人工林林下植被的多样性[J]. 森林与环境科学，36(1)：36-41.

蒋丽伟，2016. 北京山区 4 种典型林分凋落物持水特性的定量分析[J]. 广东农业科学，43(12)：30-35.

郎立刚，2019. 油松纯林改造成混交林后林间小气候变化及林木生气情况分析[J]. 护林科技，3(186)：35-36.

雷相东，陆元昌，张会儒，等，2005. 抚育间伐对落叶松云冷杉混交林的影响[J]. 林业科学，41(4)：78-85.

李程远，张扬，韩少杰，等，2021. 林带对黑土坡面土壤养分侵蚀-沉积规律的影响[J]. 东北林业大学学报，49(5)：105-108.

李洁，刘芝芹，杨旭，等，2020. 滇中高原森林生态站冬春季森林小气候特征研究[J]. 西南林业大学学报，3(40)：28-36.

李俊清，牛树奎，刘艳红，2010. 森林生态学[M]. 2 版 . 北京：高等教育出版社 .

李俊生，李果，吴晓莆，等，2012. 陆地生态系统生物多样性评价技术研究[M]. 北京：中国环境科学出版社 .

李林，2011. 浙江省开化县林场杉木立木材积表编制方法研究[D]. 北京：北京林业大学 .

廖全兰，龙翠玲，薛飞，等，2020. 茂兰喀斯特森林不同地形土壤酶活性及养分特征[J]. 森林与环境学报，40(2)：164-170.

林开敏，马祥庆，范少辉，等，2000. 杉木人工林林下植物的消长规律

[J]. 福建林学院学报，20(3)：231-234.
林业部科技司，1994. 森林生态系统定位研究方法[M]. 北京：中国科学技术出版社.
刘恩斌，2005. 广东二元立木材积表的编制与改进方法的研究[D]. 南京：南京林业大学.
刘国华，傅伯杰，方精云，2000. 中国森林碳动态及其对全球碳平衡的贡献[J]. 生态学报，20(5)：733-740.
刘海莹，1999. 塞罕坝云杉全光育苗技术[J]. 河北林业科技(3)：22-24.
刘蔚漪，喻庆国，罗宗伟，等，2017. 滇南亚热带地区典型公益林与商品林凋落物储量及持水特性[J]. 生态环境学报，26(10)：1719-1727.
刘小娥，苏世平，2020. 兰州市南北两山 5 种典型人工林凋落物的水文功能[J]. 应用生态学报，31(8)：2574-2582.
刘亚春，2011. 塞罕坝林区云杉幼树生长缓慢的原因调查[J]. 中国林业(24)：56.
刘逸菲，鲁绍伟，赵娜，等，2021. 森林影响降水水质研究概述[J]. 世界林业研究，34(5)：14-19.
刘颖，韩士杰，林鹿，2009. 长白山四种森林类型凋落物动态特征[J]. 生态学杂志，28(1)：7-11.
刘玉宝，2005. 29 年生杉木林下植被多样性与密度的关系[J]. 福建林学院学报，25(1)：2-30.
马长顺，王雨朦，2014. 不同经营方式对人工林土壤化学性质的影响[J]. 森林工程，30(1)：30-35.
时忠杰，王彦辉，徐丽宏，等，2009. 六盘山主要森林类型枯落物的水文功能[J]. 北京林业大学学报，31(1)：91-99.
史军海，张炜，王永明，等，2012. 冀北山地典型林分类型土壤养分特征研究[J]. 河北林业科技(4)：6-8.
宋轩，李树人，姜凤岐，2001. 长江中游栓皮栎林水文生态效益研究[J]. 水土保持学报(2)：76-79.
唐楚珺，高李文，彭紫薇，等，2022. 连栽杉木人工林土壤氮循环功能基因丰度特征[J]. 应用与环境生物学报，28(2)：1-12.

王丹，2006. 材积表材积对林分蓄积量调查的影响分析[J]. 林业勘察设计(4)：39-42.

吴玉红，田霄鸿，同延安，等，2010. 基于主成分分析的土壤肥力综合指数评价[J]. 生态学杂志，29(1)：173-180.

徐新良，曹明奎，李克让，2007. 中国森林生态系统植被碳储量时空动态变化研究[J]. 地理科学进展(6)：1-10.

许晴，李晓莎，许中旗，等，2017. 塞罕坝地区樟子松立木材积表研究[J]. 林业资源管理(1)：57-62.

薛立，何跃君，屈明，等，2005. 华南典型人工林凋落物的持水特性[J]. 植物生态学报，29(3)：415-421.

薛雪，杨静，郑云峰，等，2016. 南京城市杂交马褂木林小气候特征研究[J]. 水土保持研究，4(23)：226-232.

杨家慧，谭伟，冯艳，2020. 马尾松人工林土壤养分空间分布特征及其与地形因子的相关性分析[J]. 西南林业大学学报(自然科学)，40(4)：23-29.

杨元合，石岳，孙文娟，等，2022. 中国及全球陆地生态系统碳源汇特征及其对碳中和的贡献[J]. 中国科学：生命科学，52(4)：534-574.

殷文杰，李江荣，郭其强，等，2016. 西藏色季山急尖长苞冷杉林线小气候特征[J]. 西南师范大学学报，4(41)：69-75.

袁喆，罗承德，李贤伟，等，2010. 间伐强度对川西亚高山人工云杉林土壤易氧化碳及碳库管理指数的影响[J]. 水土保持学报，24(6)：127-131.

岳军伟，2018. 甘肃主要森林类型固碳动态、潜力及影响机制[D]. 北京：中国科学院大学(中国科学院教育部水土保持与生态环境研究中心).

张乃喧，王韵颇，许中旗，等，2022. 抚育间伐对塞罕坝地区云杉人工林碳储量及固碳速率的影响[J]. 河北农业大学学报，45(6)：81-87.

张岩，刘强，许中旗，等. 塞罕坝地区云杉人工林土壤养分的研究[J]. 林业与生态科学，37(2)：180-184.

张愿，2015. 华北落叶松叶凋落物持水特性以及浸提液对其种子萌发和幼苗生长的影响[D]. 保定：河北农业大学.

赵良平, 2007. 森林生态系统健康理论的形成与实践[J]. 南京林业大学学报(自然科学版), 31(3): 1-7.

赵鸣飞, 薛峰, 吕烨, 等, 2016. 黄土高原森林枯落物储量、厚度分布规律及其影响因素[J]. 生态学报, 36(22): 7364-7373.

赵晓春, 刘建军, 任军辉, 等, 2011. 贺兰山 4 种典型森林类型凋落物持水性能研究[J]. 水土保持研究, 18(2): 107-111.

郑卓然, 方亮, 魏亚伟, 等, 2016. 辽西北地区樟子松人工林对林内小气候的影响[J]. 农业与技术, 14(36): 181-182.

周丽丽, 蔡丽平, 马祥庆, 等, 2012. 不同发育阶段杉木人工林凋落物的生态水文功能[J]. 水土保持学报, 26(5): 249-253.

BARNI P E, MANZI A O, CONDÉ T M, et al., 2016. Spatial distribution of forest biomass in Brazil's state of Roraima, northern Amazonia[J]. Forest Ecology and Management(377): 170-181.

FANG J, CHEN A, PENG C, et al., 2001. Changes in forest biomass carbon storage in China between 1949 and 1998[J]. Science, 292(5525): 2320-2322.

FANG J, YU G, LIU L, et al., 2018. Climate change, human impacts, and carbon sequestration in China[J]. Proceedings of the National Academy of Sciences, 115(16): 4015-4020.

WILSON S M, PYATT D G, RAY D, et al., 2005. Indices of soil nitrogen availability for an ecological site classification of British forests[J]. Forest Ecology and Management, 220(1/2/3): 51-65.

彩图 1　修枝前（上）和修枝后（下）的云杉人工林

彩图2 未抚育（上）和抚育后（下）的云杉人工林

彩图3　不同抚育强度的云杉人工林（上：低强度；下：高强度）

彩图 4　云杉人工林的目标树经营（缠黄色带子的是目标树）

彩图 5　经过抚育的云杉人工林下的天然更新